美丽在线

做自己的发型师

主编：胡爽

重庆出版集团 重庆出版社

图书在版编目（CIP）数据

做自己的发型师 / 胡爽主编．—重庆：重庆出版社，2016.4

ISBN 978-7-229-06774-8

Ⅰ．①做… Ⅱ．①胡… Ⅲ．①发型－设计－基本知识 Ⅳ．① TS974.21

中国版本图书馆 CIP 数据核字 (2016) 第 029336 号

做自己的发型师

ZUO ZIJI DE FAXINGSHI

胡　爽　主编

统筹策划：深圳市爱莲文化有限公司

责任编辑：吴向阳　陈　冲

责任校对：何建云

策划编辑：万军莲

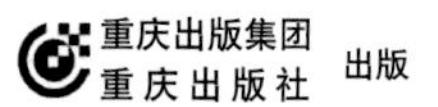

出版

重庆市南岸区南滨路 162 号 1 幢　邮政编码：400061　http://www.cqph.com

深圳舜美彩印有限公司印刷

重庆出版集团图书发行有限公司发行

邮购电话：023-61520646

全国新华书店经销

开本：787mm×1000mm　1/16　印张：10.5　字数：150 千字

2016 年 4 月第 1 版　2016 年 4 月第 1 次印刷

ISBN 978-7-229-06774-8

定价：34.80 元

总序

德雷克斯曾说："漂亮的女人等于备齐了一半嫁妆。"美是女人一生的权利。美貌之于女人犹如才智之于男子，是至关重要的。任何女人都希望自己具有闭月羞花之貌，沉鱼落雁之姿。可我们的相貌天生成，得之于父母，不是每一个人都天生丽质、貌美如花。况且女人是抵不过岁月侵蚀的，年过二十五不再谈青春，年过三十五不再谈年轻，年过四十，无论曾经如何花容月貌，都不再谈姿色。因此后天的修为得要靠自己，如何让自己一直美下去呢？

"美丽在线系列"丛书，由顶级造型、美甲大咖亲自指导，真人实景全程跟拍，教你轻松提高颜值，HOLD 住各种场合。作为脱颖而出的美容类图书，除了所选的发型造型时尚、美甲潮流个性，此系列丛书最大的特色就在于我们真正做到了与时俱进，每一款发型、美甲都配上了二维码，扫一扫，高清低流量视频"码"上看。图文并茂，动态即视，简单易学，全球首发，让任何手残党都可以在家轻松搞定。

针对女生们的"剪不断、理还乱"的鸡窝头，我们特意奉上了《做自己的发型师》这一百变发型书，让你做自己的发型师，轻松成为百变女王。想要 OL 范儿、女王范儿、萝莉范儿、CHIC 范儿，要去约会、旅游、上班，统统都不是问题。书中每款造型除了必备二维码之外，图文解说详细，配有清晰的步骤图，还有贴心的美发小贴士。女生可根据不同的脸形、饰品、头发的长度、场合……挑选属于你的发型。只需短短三分钟，长发秒变短发、薄发秒变厚发、发尾巧变刘海，让你成为百变女王！

手是女人的第二张脸，爱美的女生不美甲，你就OUT、OUT、OUT啦。你是不是因为涂不好甲油而干脆剪短指甲放任它“裸奔”？你是不是羡慕嫉妒恨别家姑娘花式美甲又舍不得一趟趟去店里花钱？你是不是手残星人屡屡挑战DIY美甲屡屡失败？为响应时下潮流的召唤，与各位美甲控的女生一起与时俱进，成为潮流的宠儿，我们率先出版了《做自己的美甲师》这部二维码DIY美甲书，精选时下最潮美甲，步骤解说详细，图文并茂，高清视频“码”上看，来拯救各种荷包干瘪党、手残星人、各种手形的不完美！从零开始教会女生们在家也能DIY出专业美甲师手下的美甲效果，轻松成为美甲潮人。

美丽在线，魅力再现，不是梦！二十岁我要活出青春，三十岁我要活出韵味，四十岁我要活出智慧，五十岁我要活出坦然，六十岁我要活出轻松，七十岁我要成为无价之宝！女人，就该这样美下去。

没有丑女人，只有懒女人！

爱美是女性的天性，美丽要从头开始！

发型不对，女神瞬间变雷神！

提起头发，我们的女生们总是有种“剪不断，理还乱”的感觉。今天有约会，化了美美的妆，穿上漂亮的衣服，照照镜子，看看这头发，真是要疯掉啊。今天要去旅游啦，着急出门，不适合披肩发啊……我想要OL范儿、女王范儿、萝莉范儿、时髦范儿……去美发沙龙，让魔发师为你精心打造？天天去？费钱啊，还要花时间！

女生们，别慌！本书将手把手教会你在家自己就能轻松搞定的各式发型。不管你是直发还是卷发、长发还是中发、盘发还是编发，只要不是短短的小毛寸，盘盘卷卷扎一扎后总能变得大方得体又俏丽，HOLD住一切场合！

本书不仅介绍了脸形与发型的搭配技巧、常用的美发工具、头发的日常保养，还精选多款简单时尚的发型，再根据发型打造的技巧、束发的类型、发饰的搭配、场景的变换进行分门别类的编排，每个发型都有制作小TIPS，只需短短几分钟，你就不用再为千丝万缕的头发而烦忧，也不用为出席各种场合而烦恼。从现在开始，完美发型，轻松搞定；百变女王，非你莫属。

此外，本书为每一款发型都配上专属二维码，扫一扫，发型高清低流量视频“码”上看。图文并茂，动态即视，简单易学。作为全球第一本二维码发型造型书，哪怕是从未亲手打理过头发的人，也可以毫不费力轻松上手，瞬间做出超时尚的发型，实现整个人的全新蜕变，爱美的你值得拥有哦。

快打开此书，扫一扫，为你的美丽升级吧！COME ON，女生们，你们还在等什么！

Contents 目录

PART 1
不可不知的基本知识

PART 2
卷发、编发、盘发 百变造型同时拥有

电卷棒的造型魔法

FASHION 编发达人

盘发也可以如此简单

PART 3

做适合你的长发造型

Contents目录

PART 4

发饰、刘海的七十二变

PART 5

场景对号不出糗

PART 1 不可不知的基本知识

时尚的风向标转来转去，究竟什么样的发型才是最棒的，最 IN 的？

怎样扎头发简单好看呢？

必备的美发工具有哪些呢？

怎么护理头发才能使头发又黑又亮呢？

本章为你搜集最全面的脸形分析，搜罗最实用的美发工具、介绍最简单有效的护发方法，让你成为美发达人，不做流行的奴隶，只选适合自己的。

好发型让你秒变V形小脸

脸形是决定发型的重要因素之一，适合自己脸形的发型才是最值得拥有的。不管是圆脸、方脸、瓜子脸还是长形脸，都要掌握各种脸形需要修饰的重点，巧妙地运用发型线条来修饰脸形，从而达到脸形与发型的完美搭配。下面给大家介绍几种脸形的发型如何搭配，让你轻轻松松做个人人羡慕的时尚达人。

标准形脸

标准形脸，也就是椭圆形脸，是女孩子们梦寐以求的脸形。标准脸的额头与颧骨部位基本一样宽，比下颌稍宽一些，脸的宽度大概是脸的长度的2/3。在传统审美眼光中，椭圆形脸最为完美，不需要太多的修饰就能散发出清秀典雅的风情。不过椭圆形脸也有个软肋——化妆后可能会与人家“撞脸”，在个性方面不好把握。

适合发型：发尾两侧使用空气烫发型设计，空气感十足的发丝点缀了女生的椭圆形脸；额间修剪整齐的齐刘海搭配上竹编帽，甜美无比；两束烫发马尾，衬托了女生的活力无限，脸形与发型搭配得恰到好处！

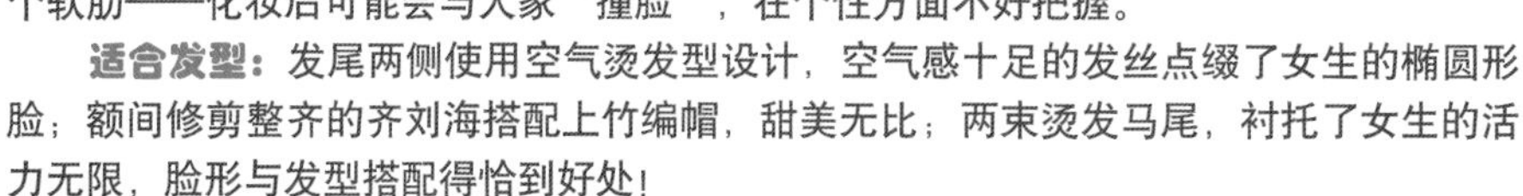

长形脸

长形脸的特征是脸形比较瘦长，额头、颧骨、下颌部位基本齐宽，比较显眼的是长脸形脸宽小于脸长的2/3。如果长形脸五官的分布合理，肌肉饱满而不露骨，被人看作是大智慧相——有远见和有能力。所以这类人群在化妆时，就不必刻意追求小脸形，使长形脸显得饱满才是化妆的重中之重。

适合发型：利用中卷、大卷混合卷度，烫出自然曲线，呈现蓬松感，再用金棕色和咖啡紫的细致挑染全头，其他则选择深褐红的护发染上色。为了使脸变小，在靠近脸部线条的地方要将发梢修细，带出利落感，发挥小脸效果，呈现出自然、甜美夏天的感觉。

方形脸

方形脸的特征是额头、颧骨、下颌的宽度基本相同，感觉四四方方的，是各种脸形中最容易辨认的。方形脸女生在事业上，通常是扮演女强人或职业女性中的佼佼者的角色。这个说法当然不是绝对的，因人而异。

适合发型：方形脸比较适合齐刘海的蓬松卷发；斜刘海的外翻卷发，也很适合方形脸的女生哦，柔顺散肩的发丝能够很好地修饰脸形，给人一种清新甜美、温婉的淑女气息。

圆形脸

圆形脸的特征和方形脸一样，都是额头、颧骨、下颌的宽度基本一样，最大的区别就是，圆形脸在脸形的转角处显得比较圆润丰满，有时候被称为娃娃脸，不像方形脸那样棱角分明。圆形脸女生显得比较活泼、可爱，像个邻家小女孩。所以，如果是OL女生，在化妆搭配的时候一定要注意掩饰自己的小圆脸，在着装打扮上也要表现出优雅与成熟。

适合发型：圆形脸的女生比较适合中长卷发，想要演绎出知性的一面，可将中长卷发发梢向一侧卷曲，以增加女性的柔美感。侧分可避免过于成熟，而显得更有活力，这样还可增添几分成熟的韵味！

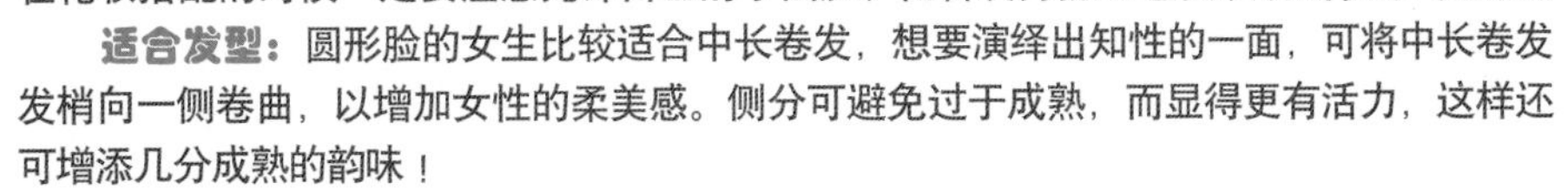

菱形脸

菱形脸又称钻石脸或杏仁脸，属于脸形比较偏大的那种。整个脸形的上半部为正三角形形状，下半部为倒三角形形状。菱形脸的特点是额骨两侧较窄，颧骨较宽，颧骨突出，下颌骨凹陷，下巴尖而长，轮廓线条立体感强，给人一种冷漠清高的形象。镜头上，菱形脸比较讨人喜欢，但在现实生活中，它容易给人不协调、刻薄的感觉。如果用得当的发型来修饰这种脸形，则能表现出自己独特的骨感和俏皮的一面，给人留下深刻印象。

适合发型：菱形脸的女生比较适合齐刘海卷发，运用齐刘海遮住脑门，让菱形脸的上部看起来宽一些，从而修饰脸形，起到取长补短的效果。

正三角形脸

正三角形脸也被称为洋梨形脸，这种脸形的特征是额头较窄，下颌最宽，从正面看去，像极了一个正三角形。洋梨形脸女生给人温柔、不拘小节的感觉，但是因为下颌较宽，看上去缺少柔美感。

适合发型：厚实整齐的刘海，凸显乌黑的眼眸，蓬松凌乱的发丝，快速遮盖了两颊的肉肉，让发型整体更加地有层次。

倒三角形脸

倒三角形脸与正三角形脸相反，是眼睛、眉毛、额头这部分比较宽，从脸蛋开始慢慢窄下去，而下巴比较尖。这种脸形是日本动漫里最常见的脸形。

适合发型：倒三角形脸基本上适合任意发型，只是这类型的女生下巴都比较短，最好让下颌两侧的头发看起来较蓬松，而上额两侧的发型较为伏贴，以视觉平衡的方式来修饰这类脸形。倒三角形脸女生适合蓬松立体的椭圆形刘海。

美发工具大解惑

美发工具太多，不知如何选择怎么办？下面就给各位女生推荐一些最实用的美发工具，无论卷发还是盘发，抑或是编发，只要正确使用美发小工具，都可以轻松快捷地搞定这些发型哦！

圆形梳

圆形梳可以将头发吹直，或是将头发吹出一点点弯度，一般是配合吹风机边梳边吹卷，用圆形梳吹出的卷发非常有光泽，卷度也很漂亮，但是给别人边梳边吹容易，自己造型还是蛮困难的，需要练习很长时间。

尖尾梳

女生们必备的造型梳，可将头发刮蓬松，从而达到增加发量或在头发内部支撑的作用。塑胶尖尾梳比鬃毛材质的尖尾梳更能刮出比较扎实的蓬松度，也就是蓬松度可以维持更久，如果在刮之前先喷定型液，还可再增加蓬松度的持久性。

不过这种刮发对头发损害比较严重，而且使头发蓬松还有很多其他的方法，所以现在有很多人已经不采用这种方法刮蓬头发。但这种方法刮出的头发持久度是最久的。尖尾梳不仅可以打毛，还可以将头发分区，两全其美哟。

吹风机

吹风机吹出来的风属于干风，若使用的时间过长，很容易会造成水分的流失，造成热伤害，把损伤降到最低的秘诀就是：用毛巾先拍干头发上的水分，然后用手轻轻梳顺头发，最后再用吹风机。

卷发棒

它的发热体表面采用铁氟龙处理，有绝缘性好、表面光滑、耐酸碱、耐高温、升温快、耗电少等优点。烫后头发可保持弹性及光泽，易梳理，操作也很简便。主要用于做卷发造型，可根据卷发棒的粗细不同，塑造出不同感觉的卷发造型。

直板夹

离子直板夹是利用高温陶瓷板夹来使毛鳞表层伏帖，让头发变得直而光滑，坠感很强，但对头发伤害比较大，不能多次烫。主要适用于烫离子直发或暂时性拉直。

浪板夹

就是俗称的玉米须夹，夹子的表面有90°直角的凹凸设计，用来将接近头皮的头发加热烫成直角波浪，目的是让头顶内的头发借由变成有90°波纹的效果，达到头皮的头发有蓬松感，堪称是扁塌头发的救星。

穿发棒

这种发型道具，对于编发技巧不太熟练又想绑出独特发型的女生相当有帮助。随着头发绕过穿发棒的圈数不同，发髻的呈现形式也不一样，可以有不同的气质类型，而且市面上比较好找。多次尝试，就算手不巧的女生也可以拥有漂亮又有个性的发型。

橡皮筋

可以帮助固定头发，在用简单发饰做发型时，头发容易松散，这时橡皮筋可以加强固定，也不会抢走发饰焦点。橡皮筋非常好用，但是容易夹到头发，所以在拆卸时应慢慢来，这样可以避免拉扯到头发。

鹤嘴夹

无论是剪发还是做造型，给头发分区是最重要的，拉直发、做卷发时用来固定分好为一束一束的头发，分片使用，不会使发丝弄乱，是发廊和家用的实惠小工具。

U形夹

U形夹其实用起来和普通夹子一样，只是它可以多夹一点头发，普通夹子多夹头发会弹掉的。因为普通夹子如果夹的头发多，会变成“人”字形，而非“U”字形，所以反而容易掉下来。

小黑夹

这种黑卡固定得比较紧，适合普通需求、新娘盘头、古装造型等。

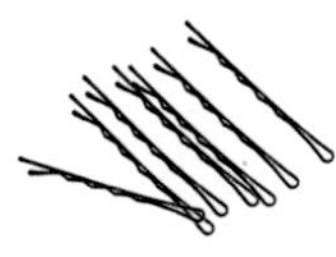

呵护头皮按摩法 10 步

头发的问题真是说起来不是病，但只要一发生就是影响个人门面的大问题，实在不能不令人烦心。想要一头健康秀发其实很容易，每天花个 5 分钟按摩头皮，就能刺激头皮上的毛细血管，改善头皮血液循环，这样不仅有利于头发的生长发育，还能防止头发脱落和变白哦。

1. 深呼吸放松

头皮按摩术的第一步就是拇指放后下颌处，小指放前发际处，深呼吸 2~3 次，放松心情，为按摩做准备。

2. 按摩前额发际

双手十指上推并按摩，往头顶“有力道”地滑动 2~3 次。

3. 按摩侧头部

头皮按摩第三步就是手指再上推，大拇指放耳朵上面，手指成“熊爪状”，以拇指为施力点，其他四指在头部侧面画圆按摩，共做 3 次。在此过程中一定要注意有挪动头皮的感觉才可。

4. 直向按摩头顶

拇指放太阳穴当施力点，其他四指放分线处，往后移动头皮 3 次。

5. 拉发促循环

大把抓起耳朵附近的头发成两撮，以感觉舒服的力道，往斜上方拉。在此按摩过程中要有头皮在动的感觉即可，不要用力过大。

6. 抓捏后脑勺

将手指稍微弯曲，把大拇指放在后脑勺发际线，往上“抓拢”至头顶。

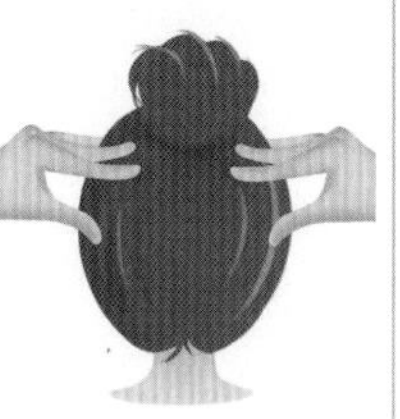

7. 按压后颈穴位

两只手拇指放在后颈上方中间的天柱穴，按压后，再往外按风池穴。

8. 闪电按摩头顶

拇指放在耳上凹陷处，其余四指画闪电状按头顶。

9. 上下轻揉两侧

拇指按于耳朵上方，手掌由上至下，轻揉 5 秒。

10. 按压眼头舒压

拇指放在眼头凹陷处按压，并配合深呼吸。

另外，头皮上有很多穴位，像上星、百会、前顶、玉枕等，针灸这些穴位，能够防治疾病。按摩这些穴位，虽不像针灸那样强烈，但是按摩的面积较大，同样能够通经活络，起到防治神经衰弱、头痛、失眠、老年性痴呆、健忘症的作用。

PART 2 卷发、编发、盘发 百变造型同时拥有

想要漂亮，成为百变女王吗？

想要卷发，又不知道怎样使用电卷棒烫出迷人的卷；想要编发，又只会传统的两侧三股编发；想要盘发，又怕瞬间把自己变得老气横秋。看看韩剧里面的人气女神，也真是醉了，到底是自己不够漂亮，还是不够心灵手巧呢？

只需掌握 3 大技巧 ：卷、编、盘，百变造型，小编教你轻松搞定。SO EASY！

电卷棒的造型魔法

随着对发型的多变要求，电卷棒已成为时尚女生的必备品，也是打造完美发型的重要工具。下面就为爱美的女性介绍几款卷发的做法，简单实用的造型效果，让你拥有性感迷人的卷发。

1 将头发做个大偏分。

2 用电卷棒先将右边的头发卷出大卷。

3 直至将全部头发卷成大卷。

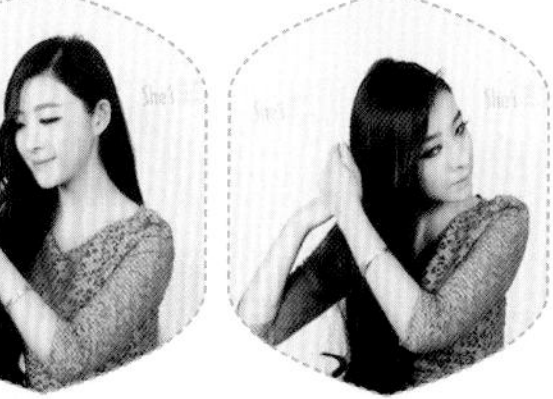

4 用手将所有头发拨散，使发型更自然。

5 最后戴上漂亮的发箍即可。

工具

电卷棒、发箍

侧边迷人大卷发

剩女们想来一场浪漫约会吗？这就需要你使出“迷人计”。一款迷人的侧边长卷发是让你告别单身生活的首选发型，赶快来吸引你的那个他吧。

TIPS

卷的时候，电卷棒要从里往外转，转一圈卷发棒就往下稍稍拉一下，这样卷出来的大卷发效果才好。

工具

鹤嘴夹、橡皮筋、尖尾梳、发带

复古公主头

每个女生都希望自己是一位气质优雅的公主，那么这款发型一定会实现你美丽的公主梦，再搭配一身简约大方的衣服，这样会显得更加青春靓丽。

TIPS

头发梳刮蓬松的程度，可根据女生们自身头发的多少决定，这样的发型看起来才自然舒适哦。

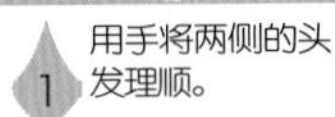
1 用手将两侧的头发理顺。

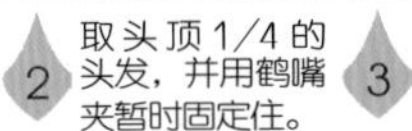

2 取头顶1/4的头发，并用鹤嘴夹暂时固定住。

3 再取后脑勺中间的一小部分头发，用橡皮筋绑好。

4 用尖尾梳将头顶上的头发刮松、刮蓬。

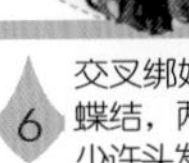
5 将发带放在头顶上固定，再绕到脑后头发下面。

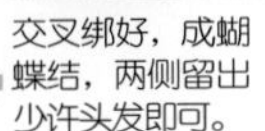
6 交叉绑好，成蝴蝶结，两侧留出少许头发即可。

工具
尖尾梳、电卷棒、头饰

甜美内扣公主卷

蓬松的头顶，中分内扣的长卷发，似乎很有瘦脸的效果，而且特别有造型感，前额再戴上漂亮的头饰，清新甜美，绝对深受女生们的欢迎。

TIPS

一般卷发分为内卷和外卷，此款发型是内扣卷。如果发现卷的方向或者卷花卷错了，最好的办法是将头发弄湿梳直，干了再卷，这样才会达到你想要的效果。

STEPS 步骤图

1 从头发顶部开始，用尖尾梳把头发分成左右两部分。

2 以45°角拉起一束头顶的头发，用尖尾梳顺着发根方向梳几下，使之变得蓬松。

3 取左侧一束头发，用电卷棒将这束头发向内卷至发尾。

4 直至将左侧的头发卷完。

5 取右侧一束头发，用电卷棒将头发向内卷至发尾。

6 再取另外一束头发，同样向内卷至发尾，直至将右侧头发卷完。

7 用手将头发梳理柔顺，使发型更自然。

8 最后戴上漂亮的头饰即可。

工具 尖尾梳、电卷棒、发带

迷人长卷发

长发带卷不但能增添女人味，还能修饰脸形。用发带在头顶处随意绑起，能让人更加迷人、甜美。想大脸变小脸，这款向外卷的发型绝对是你的首选款式，绝不能错过哦！

TIPS

为防止卷度因为长发的重量而塌陷，女生们在卷好后或者出门前最好喷上定型液。

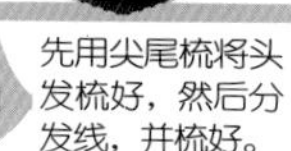

1 先用尖尾梳将头发梳好，然后分发线，并梳好。

2 再抓一缕左边前额的头发，用电卷棒将头发从中间向外卷至发尾。

3 稍微等一下至头发定型，再将头发松开，这样可卷出漂亮的弧度。

4 抓取耳上的头发以同样的方式卷成卷状，以此方法将后面的头发全部卷成卷状。

5 将右边耳后的头发也用电卷棒卷成卷状。将余下的头发全部卷出大弧度的卷。

6 拿一个发带，将前额头发预留。剩余的头发围在发带里，将发带在头顶交错扭。

工具
电卷棒、发箍

中分迷人卷

简单时尚的中分长卷发发型，超显女神气质。不管你是时尚的职场白领还是可爱甜美的小女生，都可以尝试一下这种气质十足的女神级别的造型哦！

TIPS

此款卷发，电卷棒的直径尺寸以 25 ～ 32 毫米为宜， 这样做出来的卷发更加风情万种哦！

1 先将头发中分，然后将左侧的头发抓起一缕，用电卷棒将头发卷出大卷的弧度。

2 再将后脑勺的头发拿到前面，也卷出弧度。

3 用同样的方法将右侧的头发也全部卷出弧度。

4 然后用手将所有头发全部轻轻拨弄一下，使头发看起来更自然。

5 最后戴上漂亮的发箍装饰即可。

工具
电卷棒、鹤嘴夹、帽子

女人味卷发

充满女人味的卷发相信是每位美眉都想拥有的。前额刘海微微卷起，并把头发绑起来，在发尾处卷出美丽的大波浪，这样显得女人味十足。

TIPS

电卷棒头朝上卷出的效果感觉更有活力，而朝下卷出的效果感觉就更成熟。此款发型适合棒头朝下，但是头发稀薄的女生们，电卷棒尽量不要向同一个方向转动，最好是一反一正，这样卷出来的头发才会更有立体感哦。

STEPS 步骤图

1 先将两边前额的头发各抓出一缕，留用。

2 将剩余的头发在侧边绑成蓬松的马尾。

3 先从马尾中拉出一缕，用电卷棒将马尾卷成大卷。

4 以此方法将所有的发尾全部卷成卷状。

5 用手在马尾中扯出适量头发，稍微绾一个圆弧，用鹤嘴夹从中间穿过并固定。

6 用电卷棒将前额预留的头发卷出弧度。

7 用手轻轻地整理前额的头发。

8 戴上帽子即可。

工具
宽梳、电卷棒、小黑夹、小发卡

森女气质卷发

精美的波浪卷发，如轻风吹拂过的麦田般，营造出温暖的气息。两旁耳际上的细细麻花辫结合下面的卷发，使气质美女的形象显露得一览无遗。

TIPS

卷发时，发尾很重要，发尾不能从电卷棒中露出来。发尾若没有完全卷进去，则弄出来的造型会很不自然且会乱翘。因此卷到头发底部时停约 20 秒，如果想要卷度持久或更卷，可以停更久一点。

STEPS 步骤图

1 用手从头顶开始将头发平均分成左右两区。

2 用宽梳将左侧头发梳理顺畅。

3 然后将右侧头发梳理顺畅。

4 取左侧一束头发，用电卷棒将这束头发从发根开始向内卷起。

5 取另一束头发，从发根开始向内卷起，直至将左侧头发卷完。

6 接下来取右侧一束头发，跟左侧一样，从发根开始向内卷，直至右侧头发卷完。

7 从左侧前额刘海抓取一缕头发往下编一股较细的三股辫。

8 再从右侧前额刘海抓取一缕头发往下编一股较细的三股辫。

9 将两条三股辫，有一点弧度地绕到脑后，并用小黑夹固定。

10 最后戴上漂亮的小发卡装饰就完成了！

FASHION 编发达人

编发是森女、文艺范儿女性颇为喜爱的一种发型。而爱美的女性都希望编发能够造型多变，成为大家心目中的时尚女神。那么，马上来 DIY 几款时尚发型，让你成为真正的编发达人。

韩式侧编蜈蚣辫

工具

橡皮筋、发饰

经常看韩剧的女生们，是不是觉得里面的女主角发型超美，超好看？不用羡慕了，相信自己，你也可以编出同样的发型，与她们一样温婉动人！

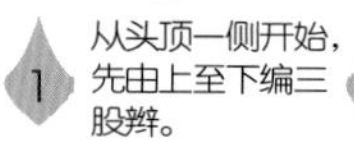

1 从头顶一侧开始，先由上至下编三股辫。

2 一边加一束头发续编，始终保持三股头发。

3 以此类推，直至将头发编成蜈蚣状。

4 用皮筋将编好的辫子绑起来，留下发尾不编。

5 最后戴上漂亮的发饰即可。

TIPS

编织蜈蚣辫时，发顶正中那束头发最好压在下面，这样才能使编出来的头发整齐。

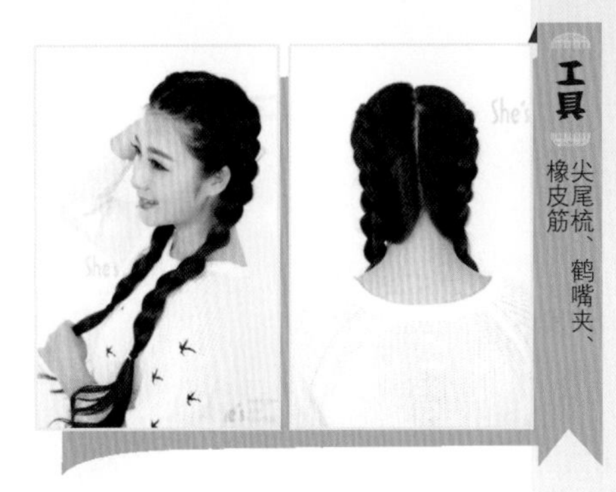

工具

尖尾梳、鹤嘴夹、橡皮筋

时尚双编蝎子辫

炎热的夏天即将来临，长发的女生要注意了哦，不想那么闷热，想要感觉清凉，最好头发两侧各编个蝎子辫，这样能增添几分时尚气质，还不会显俗气。

TIPS

女生们将辫子拉扯松散时力度一定要均匀，拉扯靠近发根处的头发时，力度要尽量小，以免拉伤头皮。

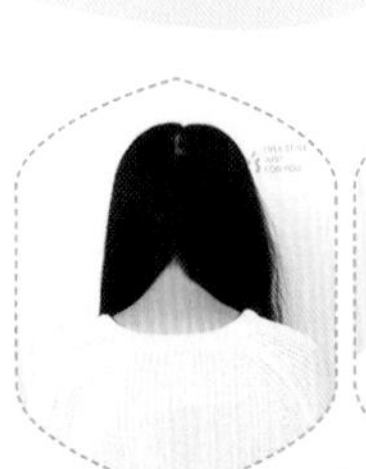

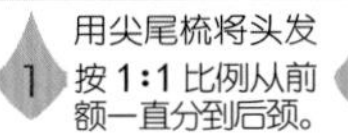

1 用尖尾梳将头发按 1∶1 比例从前额一直分到后颈。

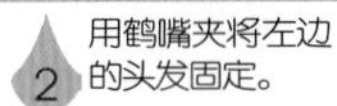

2 用鹤嘴夹将左边的头发固定。

3 用手抓取右边发线的头发，分成三股，进行三股编发。

4 编两次后，加入旁边少许头发，进行 3+2 编发。

5 编至后颈之后，继续进行三股编发至离发尾 15 厘米处，用橡皮筋绑好固定。

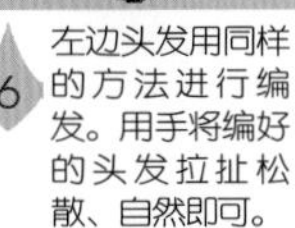

6 左边头发用同样的方法进行编发。用手将编好的头发拉扯松散、自然即可。

工具
橡皮筋、发卡

甜美侧边麻花辫

单侧麻花辫温婉大方，而且非常的文静乖巧，亭亭玉立在远方，纱裙随风飘舞，必然是一道亮丽的风景线。再加上侧边的发夹装饰，给温婉大方的你又增添了一份时尚气息。

TIPS

此款发型适合长度比较一致的长卷发，如果修剪的层次很碎就不太适合。合在一起编织时，要把头发拉起来贴着辫，才更显自然。头顶的凌乱发丝无须将其规整，保留少许凌乱感更显俏皮可爱。

STEPS 步骤图

1 从头顶右侧开始倾斜着编三股辫。

2 一边编一边把旁边的头发夹进去一起编，留下发尾待用。

3 从左侧耳朵旁倾斜着编三股辫。

4 同样一边编一边把旁边的头发夹进去一起编，留下发尾待用。

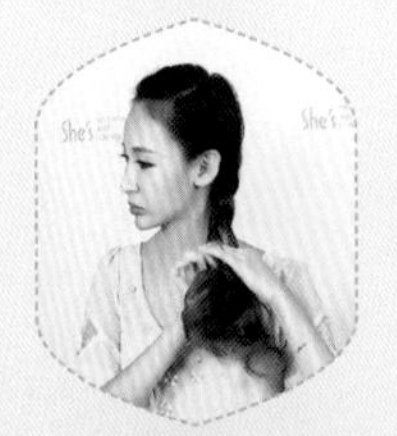

5 将两侧的三股辫拉在一起，继续编成一条粗的麻花辫。

6 把编好的麻花辫用橡皮筋绑好。

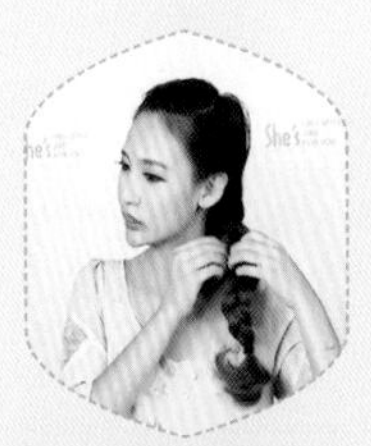

7 用手将辫子轻轻地拉松。

8 最后戴上漂亮的发卡即可。

工具
小黑夹、橡皮筋、发箍

异域风情蝎子辫

还在怀恋儿时妈妈帮你编的小辫吗？传统的三股编发融入新的编织手法，不但时尚有个性，还充满了异域风情。心灵手巧的女生们赶快行动起来吧！

TIPS

时下很热门的“蝎子辫”，比较适合长发造型。编织时，最好将发顶处的头发编得稍微紧密一些，其余的部分编得松散一些，这样便于拉松，编出来的线条才更利落迷人。

STEPS 步骤图

1 抓起头顶的一缕头发，稍微扭转几下。

2 使其拱起之后用小黑夹固定。

3 将头发在脑后分成左右两区。

4 在左边头顶位置取一撮头发，分为三缕。

5 将三缕头发编麻花辫，需编两次。

6 编的过程中加上一缕旁边的头发，继续编下去。

7 留出充分的发尾，用橡皮筋绑好固定。

8 抓紧辫子尾部，将辫子部分一根根抽出，捋顺。

9 用同样的方法将右边的头发绑成蝎子辫。

10 最后戴上漂亮的发箍即可。

1 从右侧的刘海开始往下编一股加股辫。

2 用橡皮筋绑起来，留下 2/3 的发尾待用。

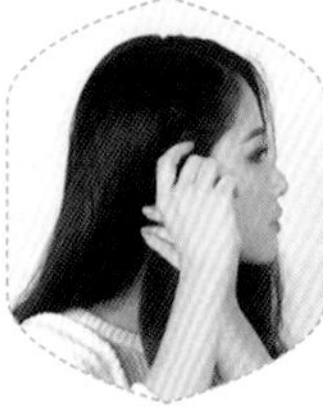

3 将右侧编好的辫子别到耳后。

4 而左侧的刘海同样往下编一股加股辫，用橡皮筋绑起来，留下 2/3 的发尾待用。

5 将左侧编好的辫子别到耳后。

6 最后戴上漂亮的发饰即可。

三股编发

经典的编发发型永不过时，但要做到不过于沉闷，那就需要花点小心思了。利用三股辫编成的造型可是最显女生的甜美气质。

工具 橡皮筋、发饰

TIPS

此款发型，要特别注意编发时要拉紧一些，整体看起来才更显干净利落。

1 先将头发按 1:1 的比例分好，在右边前额的头发上抓起一束，分成三股。

2 进行三股编发，每编两次之后，一边编织，一边加入少量旁边的头发。

3 一直编至脑后，留下 2/3 的发尾不编，用鹤嘴夹固定。

4 左边的头发用同样的方法编蜈蚣辫至脑后，留下 2/3 的发尾不编。

5 与右边的辫子汇合，将两边的发尾一起分成三股，进行编织。

6 编至后颈下方后，用橡皮筋绑好。最后在扎橡皮筋的地方戴上漂亮的发卡。

TIPS

两边分别扎出蜈蚣辫最后交会在一起，编发时要编紧一些，这样人才会显得有个性。

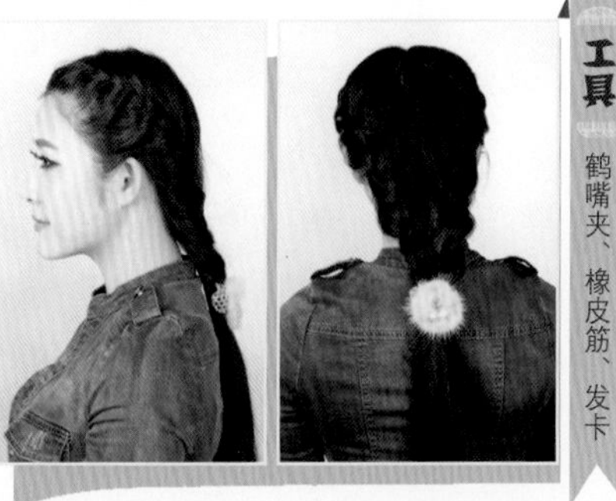

工具

鹤嘴夹、橡皮筋、发卡

淑女蜈蚣辫

蜈蚣辫在韩国已风靡很久，可以说经久不衰。对于偏爱淑女风发型的女生，这款蜈蚣辫无论是聚会还是上班都很适合你。

工具
尖尾梳、橡皮筋、发卡

风情鱼骨辫

鱼骨辫是最受欢迎的发型之一，永远都不会 OUT，时尚又经典。这款具有复古风的鱼骨辫，越看越耐人寻味，把唯美娴静的气质散发得淋漓尽致。

TIPS

鱼骨辫一般编得较为紧密，适合头发厚密一些的女生。若想以编鱼骨辫的方式打造出百变发型，可以将鱼骨辫偏向编织或者两侧编织，再加上齐刘海或者斜刘海修饰，会达到意想不到的效果哦！

STEPS 步骤图

1 先用尖尾梳把头发梳理顺直，将前面的头发按照 1:1 的比例分好。

2 双手同时抓起两边的头发往后，形成两股头发。

3 在脑后另抓一股头发，编三股辫。

4 编一次后，手上固定有两束头发，不要松散。

5 先将左边边上的一缕头发往中间编织。

6 然后将右边边上的头发抓起一缕，编至中间。

7 以此方法将头发编至发尾。

8 用橡皮筋将发尾绑好固定。

9 最后戴上漂亮的发卡就完成了！

工具
橡皮筋、小黑夹、发饰

清爽双辫发髻

清爽俏皮，自然纯真，充满活力，没有谁愿意拒绝这样的女生吧！下面这款三股辫盘发就是具备了这样的气质，让你在众多竞争者中脱颖而出。

TIPS

三股编发比较简单，居中编织或者偏向编织会显得老土。但是若将三股辫子和发髻结合或者辫成瀑布形的异域风情辫子，就可以显得甜美优雅又不失大方时尚。但三股编发很容易散掉，所以一定要拉紧编织。

STEPS 步骤图

1 从右侧头顶开始往下编一股较细的三股辫。

2 用橡皮筋将编好的辫子绑起来，留下 1/4 的发尾不编。

3 从左侧头顶开始往下编一股较细的三股辫。

4 同样用橡皮筋将编好的辫子绑起来，留下 1/4 的发尾不编。

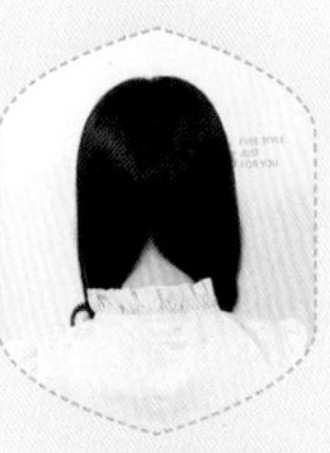

5 用手将剩余的头发从脑后平均分成左右两区。

6 将右区的头发从耳朵下方开始编较粗的三股辫，绑起，留下 1/3 的发尾不编。

7 依此将左区的头发编成较粗的三股辫，用橡皮筋绑起来，留下 1/3 的发尾不编。

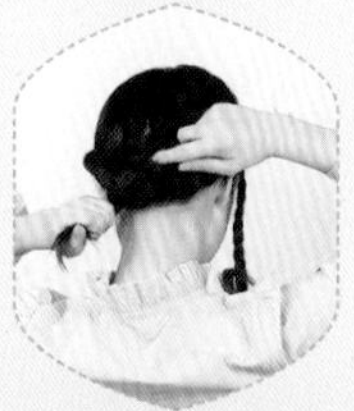

8 将两条较粗的三股辫在脑后交叉，打一个结，用小黑夹固定，而发尾不需要固定。

9 将两条较细的三股辫弯向后脑勺，交叉打结，用小黑夹固定，同样发尾不需要固定。

10 最后戴上漂亮的发饰即可。

工具
小黑夹、发卡

人气麻花辫苞头

春天来了，万物复苏的季节，发型一定不能单调无趣，否则怎么令你的那个他一见倾心呢？学着编一款麻花辫花苞头，让你轻轻松松搞定他。

TIPS

此款发型辫子一侧编织显得可爱俏皮，两侧编织则显得温婉大方。花苞居中显端庄，偏向一侧则显可爱，当然还可以配上刘海修饰。女生们可依据自己的喜好，打造出不同的风格。

STEPS 步骤图

1 以1:2:1的比例，将头发分成三区。

2 把中间的头发先绑个低低的马尾。

3 将马尾分成两股，交叉扭转。

4 将中间的马尾绕成一个低的发髻，用小黑夹固定好。

5 从右边头顶抓出一小束头发，分成三股。

6 按三股先进行编辫子，编两次之后加入一缕头发。

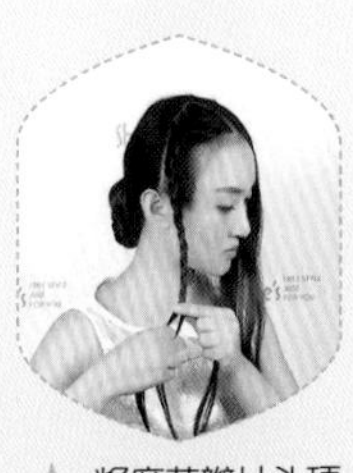

7 将麻花辫从头顶编到发尾。

8 将麻花辫绕在中间的苞上，并用小黑夹固定好。

9 将左边头发以同样的方法编好。

10 将麻花辫绕在中间的苞上，并用小黑夹固定好，夹上发卡即可。

盘发也可以如此简单

谁说弄一个漂亮好看的盘发造型需要很长时间，步骤很复杂？其实不然。只要你掌握一些简单的盘发技巧，就会发现原来盘发居然如此简单。盘发可以大大地提升个人的魅力指数，让你在最短的时间内打造最完美的造型。

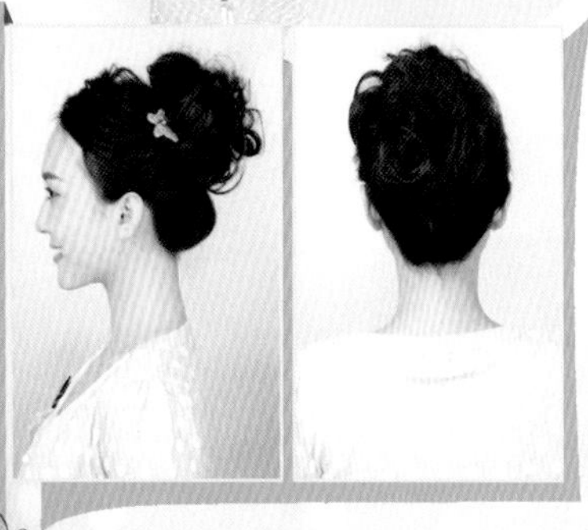

工具

电卷棒、橡皮筋、小黑夹、发卡

气质盘发

80 年代的女明星都非常喜欢盘发类的发型，因为这类发型可以突显出她们自然柔美的气质。只要轻松地扭一扭，美美的气质盘发轻松拥有！

1　用电卷棒将头发向内卷。

2　将所有的头发用橡皮筋绑成高马尾。

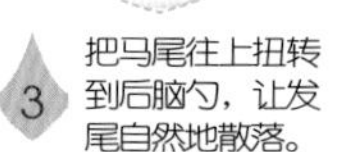

3　把马尾往上扭转到后脑勺，让发尾自然地散落。

4　用小黑夹将扭转的头发夹住固定。

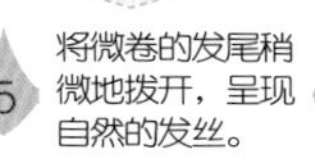

5　将微卷的发尾稍微地拨开，呈现自然的发丝。

6　将发尾编成发髻，用小黑夹固定。最后戴上漂亮的发卡就完成了！

TIPS

发髻的高度最好是在头顶那里。头发较少的女生，一定要将发髻弄得松散一些才漂亮哦！

工具

电卷棒、橡皮筋、小黑夹、发饰

简约盘发

不喜欢麻烦和繁琐的美眉们，可以编一款简简单单的盘发出门，再约上自己的闺蜜去 HIGH TEA，真是轻松惬意，让你一整天都保持着愉快的心情。

TIPS

此款盘发的重点是要用直径尺寸在 32 毫米以上的电卷棒，才能盘出松散而又不失甜美的效果。

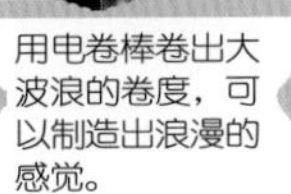

1 用电卷棒卷出大波浪的卷度，可以制造出浪漫的感觉。

2 将头发以 4:6 的比例弄成大偏分。

3 把左边的头发预留一缕，将剩余的所有头发用橡皮筋绑一个低马尾，不要绑太紧。

4 把马尾扭转几下，再用小黑夹固定。注意扭转时要让发尾可以散开。

5 将发尾稍微地拨开。把预留的一缕头发往后拉至后脑发束处。

6 用小黑夹固定，最后戴上漂亮的发饰就可以了。

工具

鹤嘴夹、橡皮筋、小黑夹、发卡

优雅多股盘发

一头美丽的长发要如何打理呢？很简单，先编成漂亮的麻花辫，再盘起来，把光洁的额头大胆地亮出来，自然又大方，走到哪都招人喜爱！

上下两区的头发编三股辫，加入旁边的头发时手不可以将头发辫拽得过紧，编织时要按照斜向下并逐渐向后的方向，否则编出来的辫子看起来会很僵硬或者歪歪扭扭，失去造型美。

STEPS 步骤图

1 先将头发斜着分成上下两区。

2 将上区的头发用鹤嘴夹固定。

3 在下区的头发取一束头发，分成三股，斜着编三股辫。

4 一边编三股辫，一边加入旁边的头发。

5 用橡皮筋将编好的辫子绑起来，留下发尾待用。

6 将上区的头发散开，取一束头发，从头顶左侧向右下倾斜着编绑，同时加入旁边的头发。

7 用橡皮筋将编好的辫子绑好，小弧度地弯向耳后。

8 将辫子尾部扭转一卷，用小黑夹固定在后脑勺上。

9 将下区编好的辫子向上围绕上区辫子一圈，并用小黑夹固定好。

10 最后再戴上蝴蝶结发卡装饰即可。

工具
宽梳、电卷棒、橡皮筋、小黑夹

个性小波浪盘发

优雅知性、妩媚性感、俏皮可爱……都是些很普遍的发型，要不来点个性化造型，记住哦，不是让你变身成另类奇怪一族，而是为你增添一点小性格。

TIPS

当女生们使用卷发棒时，应该事先使用防止高温伤害的产品，例如添加二甲聚硅氧烷的喷雾，它在接触到高温的时候会融化并在发丝表面形成一层保护膜，可以有效防止高温对发丝造成损伤。

STEPS 步骤图

1 先用手将所有头发拨到右侧，再用宽梳将头发梳理顺畅。

2 从右侧头顶上取一小束头发，围着电卷棒绕几圈，以达到卷发的效果。

3 接着取旁边一小束头发，以同样的方法卷成卷，直至将右侧头顶上的头发卷好。

4 从右侧耳朵上方开始，将卷好的头发与未卷的头发区分开。

5 用橡皮筋将未卷的头发绑一个低马尾。

6 将低马尾以顺时针方向绾成发髻。

7 用小黑夹将发髻固定好。

8 将卷好的头发小弧度地弯向后脑勺。

9 发尾用小黑夹固定在发髻边即可。

工具

发夹

发夹巧盘发

看起来蓬松有秩的盘发，再配上精美别致的“一”字带花式的发夹，透露出一种淡淡的温婉大方气息。虽然简单朴实，但却大大提升了个人的魅力指数哦。

TIPS

此款盘发没有用皮筋，所以女生们盘发的时候一定要用紧实一点的发夹，防止松散。

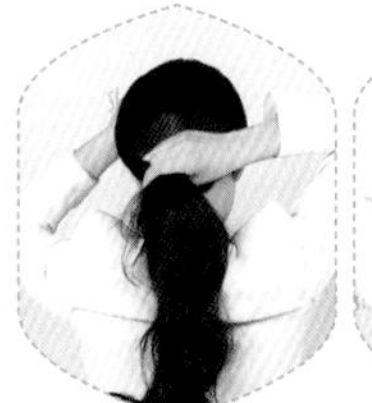
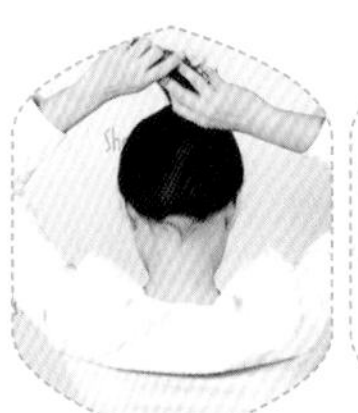

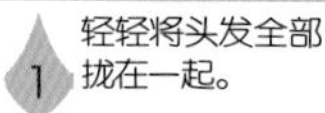
1 轻轻将头发全部拢在一起。

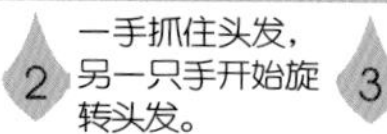
2 一手抓住头发，另一只手开始旋转头发。

3 等发根部分的头发也已经被旋转到的时候，再将旋转后的头发绕一圈放在上部。

4 一手固定住头发，一手确定发夹的位置。

5 头发整理好之后，用发夹固定。

6 为了让发型更自然，可用手稍微往两边拉扯下半部分的头发。

工具

尖尾梳、橡皮筋、小黑夹、发卡

高雅晚宴盘发

带着侧盘发型出席晚宴，不但显得高贵典雅，还想让人一亲芳泽！稍微动动手指，就能令盘发增加层次感，怎么看怎么美，让人过目难忘。

TIPS

将卷起的头发塞进发根处时，注意不要过分用力使头发掉露出来，否则会影响造型美观。

1 将头发全部往后梳。抓取前额中区的头发。将头发往上提起，用梳子将头发打毛。

2 将发束往上推起，形成拱起的弧度，用小黑夹固定。

3 将所有头发梳理整齐，绑成一个高马尾。在马尾辫上间隔一定的距离绑上橡皮筋。

4 在绑最后一圈橡皮筋时，不要扯出马尾。将此束头发往上，并向内卷起。

5 然后塞进发根处，形成一个发髻，用小黑夹固定。最后别上漂亮的发卡就完成了。

工具

鹤嘴夹、橡皮筋、小黑夹、发卡

简单优雅盘发

忙碌的生活导致自己没有很多时间搭理发型，现教你一款超简单的优雅盘发，省时又不复杂，易学又不失优雅气质，轻松打造美丽的造型。

TIPS

因为只有下区的头发用了皮筋捆绑，所以女生们需要注意的是在造型前要准备众多的小黑夹，这样才可以为你的发型起到最好的固定效果。头顶上打毛隆起的部分，可喷上少量定型液，给人高雅感。

STEPS 步骤图

1 将头发分成上下两区。

2 把上区的头发用鹤嘴夹暂时固定。

3 将下区的头发用橡皮筋绑起来。

4 像扭麻花那样逆时针方向卷紧，盘成发型的基座。

5 把盘好的发束用小黑夹固定好，即成一个花苞。

6 将上区的头发扭转几下。

7 围着下区的花苞绕一圈，并用小黑夹固定。

8 最后戴上漂亮的发卡装饰即可。

工具

尖尾梳、鹤嘴夹、小黑夹、橡皮筋、发卡

法式优雅盘发

法式盘发，优雅高贵，富有气质，不论是参加私人 PARTY，还是出席任何场合的宴会，都能马上让你成为全场焦点，心动指数直线上升，让人难以忘怀。

TIPS

此款盘发比较紧密一些，适合头发厚密的女生们。此款发型可以选择带有珍珠装饰的 U 形夹，插在三股辫发髻处，既可以起到装饰的作用，又可以起到定型的作用。

STEPS 步骤图

1 将左右两侧的头发分出来，用夹子将前面两部分的头发固定好。

2 将中间部分的头发编三股辫，用橡皮筋绑好。

3 把三股辫斜着卷成发髻，用小黑夹固定。

4 将左侧头发散开，在耳朵下方编三股辫，用橡皮筋绑好。

5 把右侧头发散开，同样在耳朵下方编三股辫，用橡皮筋绑好。

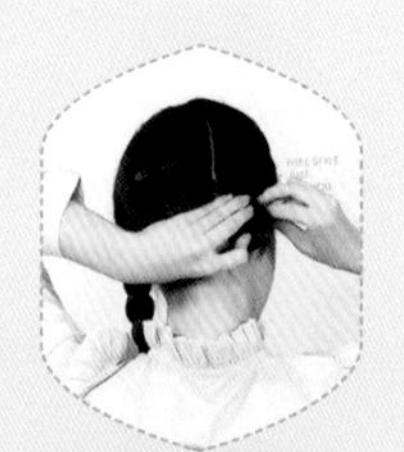

6 将右侧编好的辫子卷成发髻，用小黑夹固定。

7 把左侧编好的辫子也卷成发髻，用小黑夹固定。

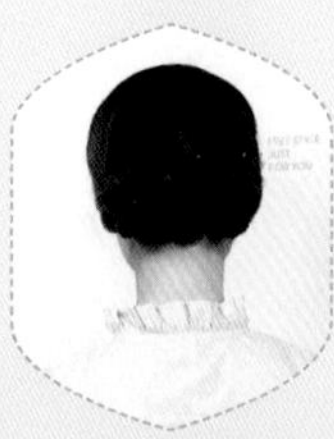

8 将三个发髻整理好高低位置，用小黑夹固定。

9 最后戴上漂亮的发卡即可。

工具
电卷棒、橡皮筋、小黑夹、发夹

日系两侧盘发

露额头的两侧盘发，于脸颊两侧的刘海与厚重的长卷发达到很好的平衡感，既不会显得太过幼稚又能加深印象。传统中带点日式文艺气息，永不过时！

TIPS

本款盘发要求松紧结合，上紧下松。两边的发髻要盘在较低的位置，不要束得太紧，否则会显得呆板，还可用纤细精致的发夹或者发箍来增添公主的感觉。

STEPS 步骤图

1 用电卷棒将所有头发全部卷成中卷。

2 在脑后将头发分成左右两区。

3 将两侧前额预留一缕刘海。

4 将左侧头发绑成马尾。

5 绑最后一圈时，不要把发尾拉出。

6 将右侧头发绑成马尾。

7 同样绑最后一圈时，不要把发尾拉出。

8 将左侧的发尾用手拉松。

9 再用小黑夹固定在耳后，形成一个漂亮的发髻。

10 将右侧的发尾用手拉松。

11 同样用小黑夹固定在耳后，形成一个漂亮的发髻。

12 最后戴上装饰的发夹即可。

工具
尖尾梳、鹤嘴夹、橡皮筋、小黑夹、发夹

女王范低盘发

看到这一款低盘发吗？有没有觉得很惊艳呢？光洁的额头，清丽的眉眼，一一展现出女性的自信气质和强大气场，像女王般，傲视全场。

TIPS

在打造此款盘发发型时，皮筋和发夹最好选用与发色同样的颜色，这样发型整体更自然和优雅。露额头的盘发可将两侧拉出少量头发修饰脸形，这样更显精致完美哦！

STEPS 步骤图

1 将头发按1:2:1的比例分好。

2 用鹤嘴夹将前额两边的头发固定。

3 将后区的头发按5:5分好，用橡皮筋绑成两条低马尾。

4 将其中一条低马尾绕成一个发髻，用小黑夹固定。

5 将另一条低马尾分成两股，交叉编发至发尾。

6 将编好的发束绕成另一个发髻，用小黑夹固定。

7 将左边前额的头发分成两股，交叉编发至发尾。

8 小弧度向耳朵后弯，用小黑夹固定在左边发髻上。

9 将右边前额的头发用同样的方法编好固定在右边发髻上。

10 最后别上漂亮的发卡就完成了！

PART 3 做适合你的长发造型

爱美的女生都喜欢研究发型，特别是拥有一头美丽长发的女生，那到底是束发好呢 还是半束发好呢？选个适合自己的发型，不仅能更好地修饰脸形，还能为你美丽加分。因此贴心小编来解决我们长发女生们的烦恼啦！ 长发及腰的你，快来打造属于你的长发造型吧。

半束发

眼光挑剔的女生们对公主式的半束发发型一见钟情，特别是那种甜美浪漫的半束发能给人一种温暖阳光的感觉，淑女范儿十足，超有爱的。学会打造一款温婉优雅的半束发发型，可瞬间提升自身气质。

1 用手从头顶中间开始分线。

2 从右侧的刘海开始往下编一股细的加股辫。

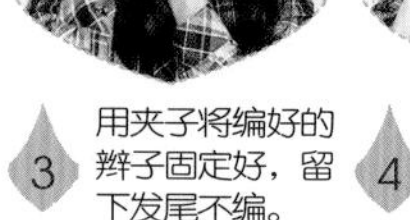

3 用夹子将编好的辫子固定好，留下发尾不编。

4 用左侧刘海编一股同右侧一样的加股辫。

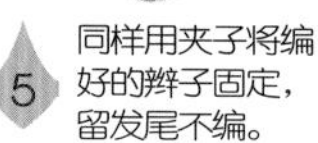

5 同样用夹子将编好的辫子固定，留发尾不编。

6 两条辫子绕到脑后，用夹子固定，戴上发饰即可。

工具 小黑夹、发饰

淑女风半披发

“窈窕淑女，君子好逑。”从前区头发束起到挑两侧少量头发束起再演变至两侧编细辫子夹起，给人温柔善良之感，这似乎是淑女们的经典形象。

TIPS

此款发型适合齐肩以下10厘米的女生，最好将发梢做出内扣卷，这样更显清新甜美哦！

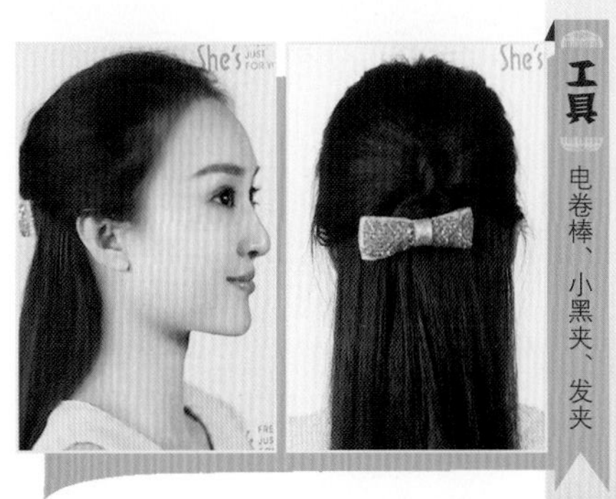

工具 电卷棒、小黑夹、发夹

唯美半束发公主头

常常因为头发太长，不好打理而苦恼，因此特别想拥有一款既美丽又不失温柔的时尚发型。那么，唯美可爱的半束发公主头是你不错的选择哦。

TIPS

此款发型可喷上少量定型液，再用手抓一抓或者拧一拧，发型会更有层次感。

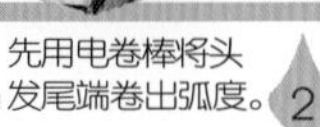

1 先用电卷棒将头发尾端卷出弧度。

2 将头顶的头发分成左右两区，从耳后抓起一半头发在手中。

3 将手中的头发分成三股。

4 将三股头发编成松松的辫子，编辫子时要注意，各束头发的发量要均匀。

5 编完之后将一束头发绕过之前编的辫子，用小黑夹紧紧固定。

6 最后用漂亮的发夹装饰即可。

工具

尖尾梳、鹤嘴夹、橡皮筋、小发卡

时髦公主头

看看那些好莱坞女星，个个将头发打理成当下最时髦的发型，走在时尚潮流的前沿。喜欢追潮流的女生们，不能落后呀，赶紧编一款这样的发型吧。

TIPS

此款发型适合中长发女生。在编织中间的头发时，最好用手指把头顶头发抓出自然蓬松的效果，然后再进行编织，并以八字形捻转后向前再推压，创造出头顶的高耸蓬松弧度，同时还能修饰脸形。

STEPS 步骤图

1 用尖尾梳将头发往后梳。

2 用手抓取前额中间的一束头发，梳理柔顺。

3 将两边的头发用鹤嘴夹在耳后固定。

4 将中间头发分成三股，进行三股编发。

5 编至大约15厘米处，用橡皮筋绑好。

6 将左边与右边前区的头发同样进行三股编发。

7 将编好的三股辫分别用橡皮筋绑好。

8 用手将编好的辫子拉扯松散。

9 将左右两边的辫子各绕一圈，在脑后呈圆圈形，用小黑夹固定。

10 最后戴上小发卡装饰。

1 抓起耳际上的头发侧绑成公主头。

2 在最后一步留一个丸子头。

3 用手将丸子往两边慢慢地拉开，等弄成花状后，用小黑夹固定。

4 把剩余的头发随意地用小黑夹固定成型。

5 将耳际下垂落的发束以电卷棒卷出弧度，卷度着重在尾端即可。

6 将没有扎起的头发也卷出弧度，再分成两拨放至前面，最后用发卡装饰。

俏皮半扎侧马尾

每次出门游玩的时候，总是担心会弄乱发型。简单扎个马尾嘛，又觉得单调无趣。来个侧扎的俏皮马尾，既可爱又童趣味十足。

工具 小黑夹、电卷棒、发卡

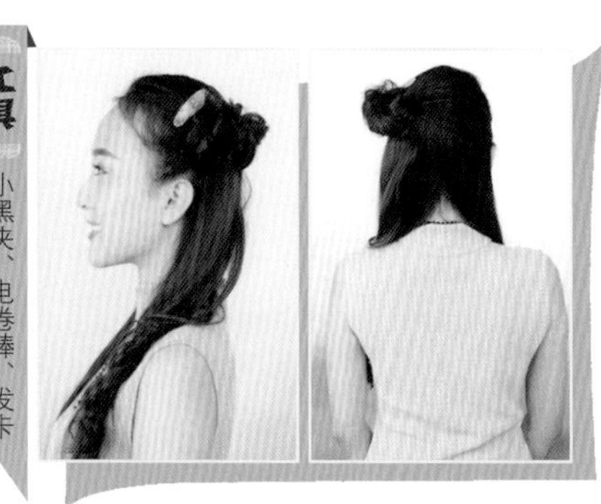

TIPS

此款发型，头发没那么长也可以尝试哦，只要扎得住。侧扎马尾造型甜美中多了几分俏丽。

轻熟女半扎发

不论是出席宴会，还是坐在办公室上班，轻熟女风格都特受欢迎，而精致的半扎发型，是轻熟女的最爱哦。

工具

鹤嘴夹、橡皮筋、尖尾梳、小黑夹、发饰

1 取头顶一部分头发，量不需要太多。

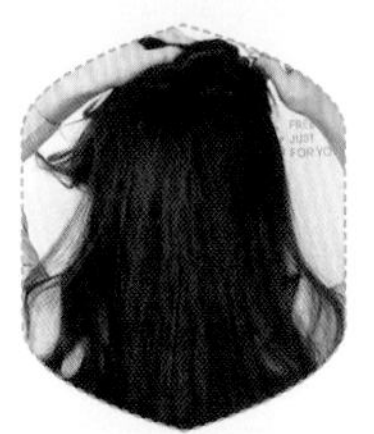

2 扭转几下，用鹤嘴夹固定好。

3 在后脑勺中间，取一小部分头发。

4 扭卷成发髻，先用橡皮筋绑起来，再用小黑夹固定。

5 将头顶的发束散开，用尖尾梳倒刮打毛，并梳理顺畅。

6 再将头发沿着左右两侧往后拢起，用发饰固定在后脑勺上即可。

TIPS

此款发型最重要的是将头顶头发打毛和两侧头发拢起，这样才能打造出饱满的效果。

工具
橡皮筋、发饰

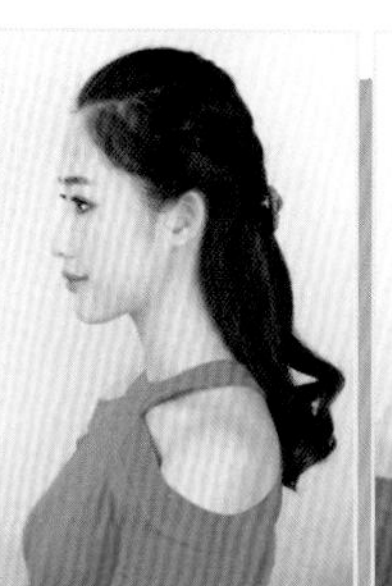

浪漫半扎麻花辫

麻花辫半扎发既省时间又省力气，而且轻松几步就能塑造出约会的发型，浪漫又乖巧，简直棒呆了！准备好橡皮筋和精美的发饰，我们开始吧！

TIPS

头顶编发时，女生们在编织过程中要尽量将其分理清楚，否则头发容易缠绕在一起。

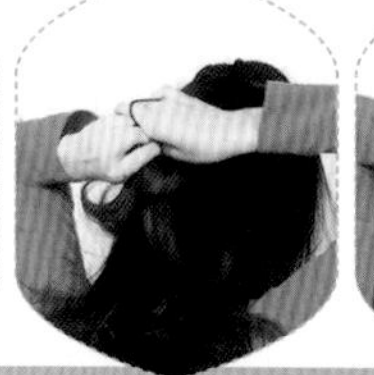
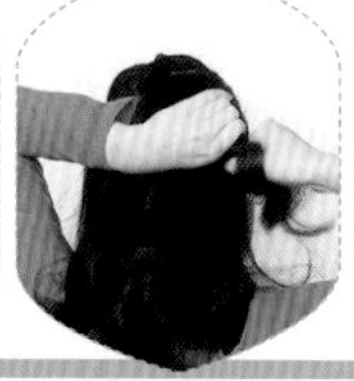

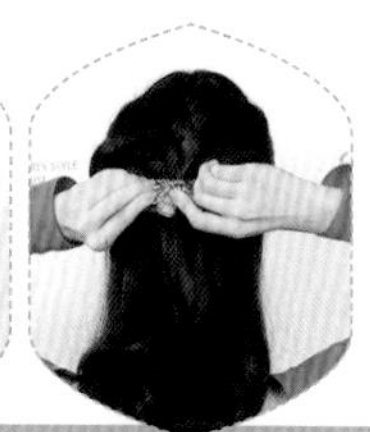

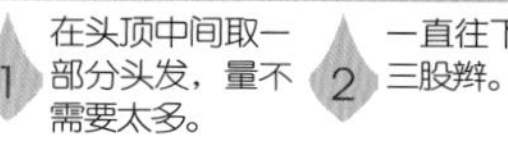

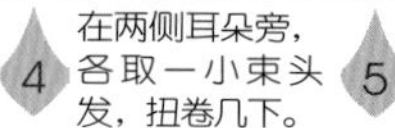
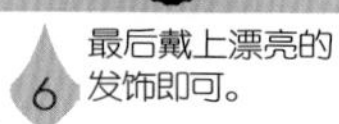

1 在头顶中间取一部分头发，量不需要太多。

2 一直往下继续编三股辫。

3 用橡皮筋将编好的辫子绑起来，留下1/2的发尾不编。

4 在两侧耳朵旁，各取一小束头发，扭卷几下。

5 将左右两侧扭卷过的发束，与三股辫的发尾会合在一起，并用橡皮筋绑起来。

6 最后戴上漂亮的发饰即可。

工具

小黑夹

蝴蝶结公主头

如果你是可爱的邻家女孩，你就该让自己的双手灵巧起来。打造一款与众不同、回头率超高的蝴蝶结公主头，展现出公主般的气质，等着男士们善意的搭讪吧。

TIPS

如果有做卷发和染发处理，蝴蝶结造型会更有光泽，整个发型也会更显奢华唯美哦！

1 用手沿着耳朵上方，将头顶一部分的头发绑一个高高的公主头。

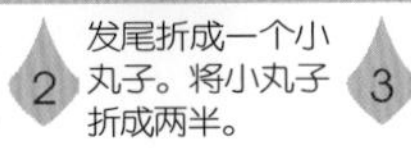

2 发尾折成一个小丸子。将小丸子折成两半。

3 再用小黑夹固定好，夹的时候一边调整蝴蝶结的形状，让它保持立体对称。

4 将后面多余的发束往前收好。

5 等变成蝴蝶结中间的那个结，再用小黑夹夹好固定。

6 最后你也可以喷上定型液让蝴蝶结更定型。

束发

炎炎夏日，最好把秀发束起来，感觉清爽又舒适。如何才能打造一个既时尚又美美的束发呢？这就需要女生们花点心思了。有时束得太紧，会不舒服；束得太松，怕容易散乱。现教你几款束发的技巧，让你的束发造型满分！

1 把前额中间的头发挑在手中，以顺时针方向扭转。

2 将扭转好的头发轻轻向上推起，形成漂亮的弧度，用小黑夹固定。

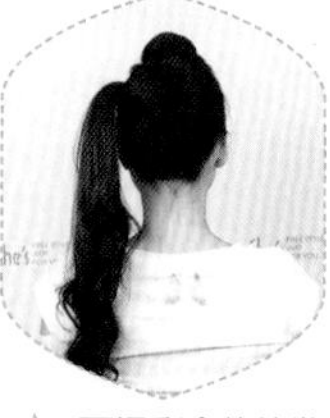

3 再把剩余的头发梳成侧马尾，注意不要整个侧到耳朵一边。

4 挑一缕头发围绕橡皮筋几圈，用夹子固定好即可。

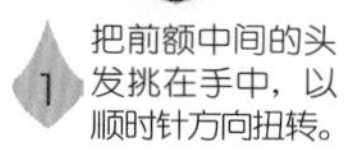

工具 小黑夹、尖尾梳、橡皮筋、夹子

活力俏马尾

象征着活力与青春的马尾辫从来没有离开过众人的眼球。无论马尾长度如何，无论扎在哪个位置，无论有没有改良过的，都十分惹人喜爱。

TIPS

马尾的高低取决于脸形，一般来说，圆脸适合高一点的马尾，长脸适合低一点的马尾。

工具 橡皮筋、小黑夹

俏丽麻花辫马尾

麻花辫马尾一直是青春少女的专属发型，不仅简单易弄，清新俏丽，更是婉约迷人。有没有尝试过这款发型呀？如果还没有的话，就赶紧行动吧！

TIPS

七条细的三股辫想要固定肯定需要皮筋，但点睛之笔就是扎好马尾后，将皮筋去掉。

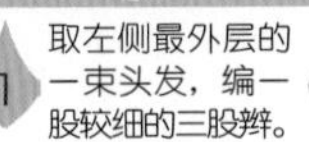

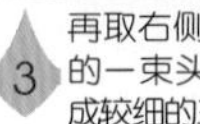
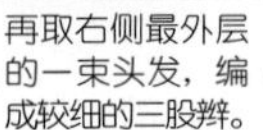

1 取左侧最外层的一束头发，编一股较细的三股辫。

2 继续取一束头发，编成较细的三股辫。

3 再取右侧最外层的一束头发，编成较细的三股辫。

4 直至将表层头发编成七条较细的三股辫。

5 用橡皮筋将辫子和所有的头发绑成侧边马尾。

6 抓出一束头发围绕橡皮筋几圈，再用小黑夹固定好即可。

工具
尖尾梳、橡皮筋、小黑夹、假刘海、丝巾

可爱马尾兔子结

减龄发型大公开，编一个萌萌哒的发型吧！可爱的兔儿造型绝对是女生专属。整齐的刘海，长长的马尾，头顶绑个兔子结，青春气息迎面扑来啊！

TIPS

若想减龄，尝试一下兔子结发带头饰，瞬间即可变成超级萌萌哒的美少女。此款发型的点睛之笔是用一缕头发缠住捆绑部位，还有用丝巾遮住假刘海与头发的衔接，整个造型浑然天成。

STEPS 步骤图

1 用尖尾梳将头发全部梳高。

2 用橡皮筋固定绑成高马尾。

3 在马尾中抓一缕头发。

4 缠绕捆绑部位，以遮住橡皮筋，用小黑夹固定好。

5 然后戴上漂亮的假刘海。

6 将丝巾从后脑缠绕到头顶。

7 在头顶右边打一个简单的结，松紧要适度。

8 将丝巾两端分别往上卷至头顶，用小黑夹固定。

工具
波浪夹板、小黑夹、橡皮筋、发饰

优雅侧扎马尾

马尾辫一直是女生们最喜欢的发型之一，既简单又实用，特别是简洁利落的侧扎马尾，绝对让你看上去别出心裁，清新又优雅。

TIPS

此款发型马尾较低，适合脸形稍长的女生。头发是扭转之后捆绑，因此头发较多的女生更适合这个发型。此外，若想比较时尚，则碎发不宜多，若想俏皮随意，可用毛毛的头发自然落下来修饰。

STEPS 步骤图

1 将头发中分，把右边的头发用手指挑起上面的一层，轻搭到旁边。

2 抓起下面的头发，用波浪夹板将发根部分垫高。

3 以此方法将左边以及后脑勺的发根全部垫高。

4 用手将头顶部分的头发抓起，往右扭转几次。

5 用小黑夹固定在右耳后。

6 以此方法将额前所有头发扭转之后，用小黑夹固定在右耳后。

7 将头发用橡皮筋在右侧绑马尾。

8 绑最后一圈时，不要将发尾拉出，要形成一个发髻。

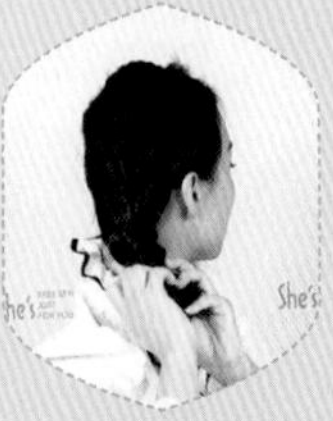

9 把剩余的马尾绕在橡皮筋上面，用发饰缠绕固定就完成！

1 将头发分成上下两区。

2 将上区的头发先夹好，暂时固定。

3 将下区的头发扎起小马尾。

4 把下区的马尾往上折，用小黑夹穿过弧度固定夹好。

5 将上区的头发绑个高马尾。

6 用小黑夹把上下区两个马尾合在一起。在上区马尾处戴上发卡。

唯美马尾辫

越简单，越唯美。只是在细节上做点小小的改动，就能够带来眼前一亮的惊喜，并且简单经看。

工具 小黑夹、发卡

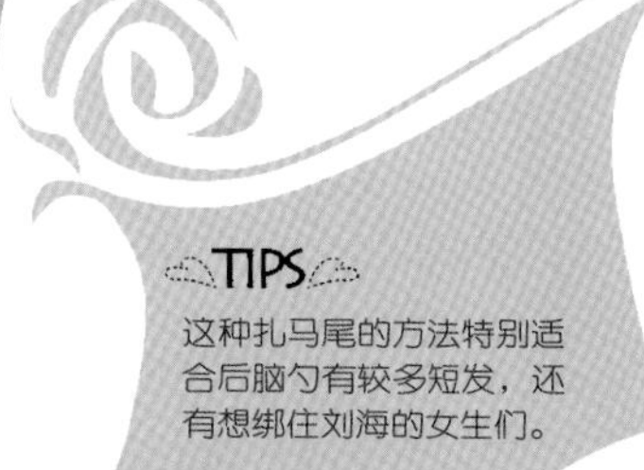

TIPS

这种扎马尾的方法特别适合后脑勺有较多短发，还有想绑住刘海的女生们。

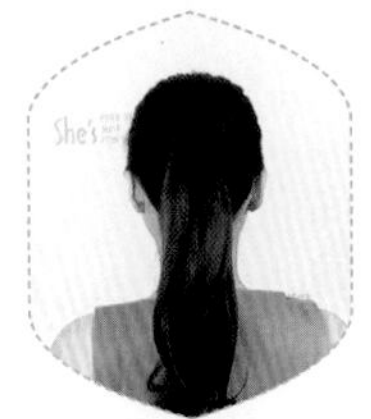

1 将头发梳顺，用橡皮筋扎马尾。

2 用插梳从后脑背面中间两个齿挑起橡皮筋。

3 顺势将插梳翻转后插入发髻中，固定插梳。

4 梳理余下头发，使发尾自然下垂即可。

TIPS

女生们需注意的是，用插梳插入发髻时，一定要插紧，以免重插，否则容易破坏发型。

工具

橡皮筋、插梳

利落马尾盘发

简单的编发是懒于动手的女生最喜欢的发型。利用马尾盘发，不仅突显出女生的温婉气质，还能彰显职场气息。

工具

电卷棒、橡皮筋、小黑夹、发饰

蓬松随性低马尾

随性中带有凌乱蓬松的低马尾是今年夏天发型的主流，很随意地把中长发用橡皮筋扎起来，很有干练知性的气质，搭配染发的发丝更显时尚感。

TIPS

每次使用电卷棒加热发卷时，发量一定要平均分配，发束缠绕电卷棒的方向也要一致，左右分的发束要平均，这样才不会让卷发看起来乱七八糟。另外不要加热过久，以免发卷僵硬显老气。

STEPS 步骤图

1 取左侧一束头发，用电卷棒从发尾向外卷至发根。

2 另取一束头发，从发尾向外卷至发根。

3 取右侧一束头发，与左侧一样，从发尾向外卷至发根。

4 再另取一束头发，从发尾向外卷至发根。

5 用手将卷好的头发拢起来，并用橡皮筋绑成较低的马尾。

6 在发尾中取一束头发，绕着橡皮筋一圈，用小黑夹固定。

7 将头发适当地拉松，增加蓬松感。

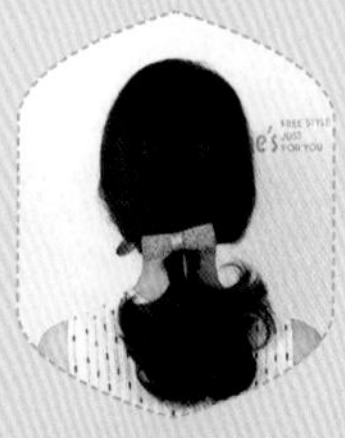

8 最后戴上漂亮的发饰就行了。

工具 小黑夹、电卷棒、发卡

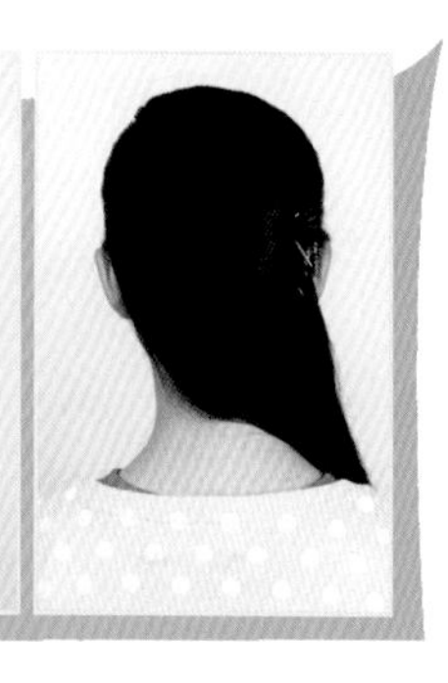

优雅知性侧拧发

柔顺垂落的发丝固定在一侧，而发尾轻轻卷曲，大大地增添了优雅柔和的感觉。整体看起来就是很知性，不轻浮，很适合名媛的一款发型。

TIPS

头发较长女生们，最好选用中号直径尺寸的电卷棒将头发卷出 2~3 个卷，以免头发显得过少。

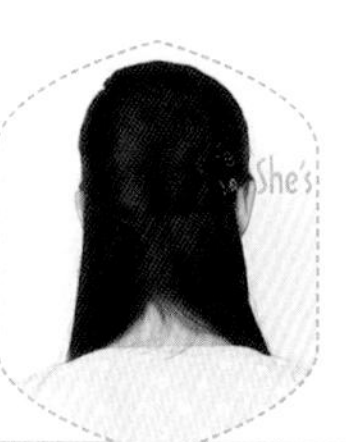

1 将头发以 4:6 的比例分好。

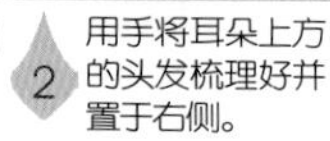

2 用手将耳朵上方的头发梳理好并置于右侧。

3 用左手固定头发，右手扭转头发。

4 用小黑夹固定。

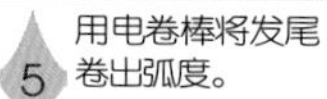

5 用电卷棒将发尾卷出弧度。

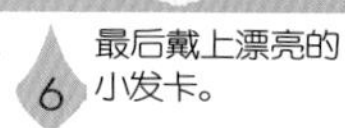

6 最后戴上漂亮的小发卡。

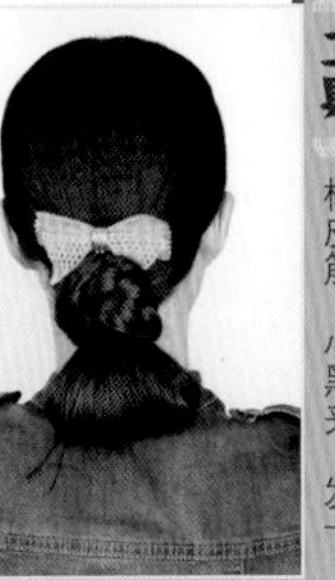

工具 橡皮筋、小黑夹、发卡

温婉编发低马尾

头发在发际线处随手一扎，发尾不完全拉出，剩余未扎起的头发编成辫子缠绕成发髻，再配上精美的蝴蝶结发卡，SO EASY，大家闺秀气息，跃然镜前，更能体现出你不凡的气质。

TIPS

女生们注意，在绑最后一次时，尽量不要把发尾过多的短发拉出，以免发型毛糙。

1 将头发分成上下两区。

2 用橡皮筋将上区头发绑好固定。

3 在绑最后一次时不要将发尾拉出来，留一定的长度，形成一个松散的发髻。

4 将下区头发与上区的发尾分成三股进行编发。

5 一直编至发尾。用编好的麻花辫缠绕发髻，并用小黑夹固定。

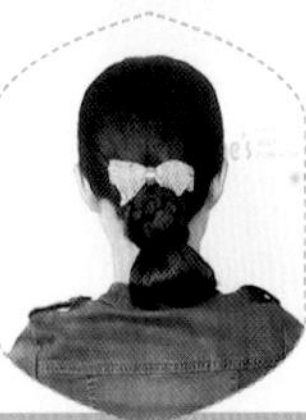

6 最后戴上漂亮的发卡即可。

工具
波浪夹板、橡皮筋、电卷棒、小黑夹、发卡

甜美少女双束发

觉得一股束发不够活泼可爱，不够青春靓丽？那再加多一股就好了。本来代表着少女气息的两股束发，加上别致的发卡，千万别被人嫉妒你的好青春啊！

TIPS

两股束发的造型，头发发量不能太少，可以通过不同尺寸的卷曲来调整视觉上的头发发量多少。如果发量较多，可以卷成大波浪或者不卷，还可以加上刘海修饰，少女气息更是一览无余。

STEPS 步骤图

1 先用波浪夹板将头顶垫松，以增加发量。

2 将头发分成左右两区。

3 用橡皮筋将头发扎好。

4 从发束中抽出一缕头发。

5 缠绕捆绑部位，以遮住橡皮筋。

6 一直绕到发梢。

7 将绕发的发尾用小黑夹在里侧固定。另一侧也用相同的方法扎好。

8 扎好之后将束好的马尾，各自分成几束，用电卷棒卷出小卷。

9 另一边的马尾用同样的方法卷出形状，最后在头上戴上小发卡。

披肩发

在所有发型中，披肩发最能展示女性柔情的一面，也最能体现出她们优雅的气质。不论是哪种披肩发，都深受女生们的喜爱。披肩发虽然简单，但是在此提醒女生们，披肩发也一样可以轻松变换不同的 STYLE！

1 用手将头发斜着分界。

2 取一束头发，电卷棒从发尾向内卷至胸口上。

3 取右侧头发，同样从发尾向内卷至胸口上。

4 剩余的头发用同样的手法将全部头发卷完。

5 用手将卷起的头发弄松散，这样显得更自然。

6 最后戴上漂亮的发卡，甜美的发型就完成了。

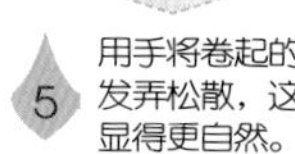

TIPS

梨花头要选用大号的卷发棒，而且最好是使用陶瓷卷，这样不仅效果好且不会伤头发。

工具

电卷棒、发卡

温婉内扣梨花头

大家一起行动吧，将平凡无奇的中发梨花头大变身，只需一个树叶形状的发卡和电卷棒就可以做得到喔，让你立即变身为温柔婉约的少女！

工具

鹤嘴夹、直发器、尖尾梳、发箍

清纯长直发

无论发型潮流如何多变，经典的长直发不曾退出时尚潮流的舞台，总是给人一种清纯的女神气质，不经意间成了一湾清泉，清澈透心，使人眼前一亮！

TIPS

女生们使用直发器时要注意一直保持移动，不要停留在头发上，以免烫伤头发。

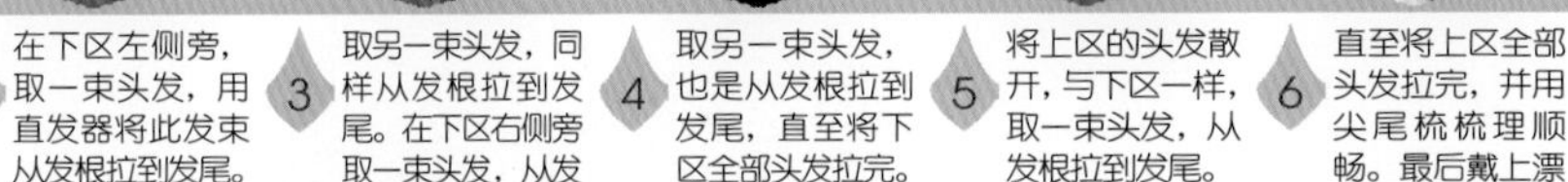

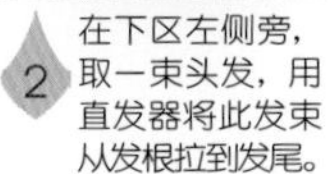

1 将头发分成上下两区，用鹤嘴夹将上区头发固定。

2 在下区左侧旁，取一束头发，用直发器将此发束从发根拉到发尾。

3 取另一束头发，同样从发根拉到发尾。在下区右侧旁取一束头发，从发根拉到发尾。

4 取另一束头发，也是从发根拉到发尾，直至将下区全部头发拉完。

5 将上区的头发散开，与下区一样，取一束头发，从发根拉到发尾。

6 直至将上区全部头发拉完，并用尖尾梳梳理顺畅。最后戴上漂亮的发箍即可。

工具

小黑夹、电卷棒、发卡

嬉皮编发

额前的细编发，随意的长卷发，打造出浪漫的嬉皮风格，侧面的发卡又为你增添了一份甜美气息，增加你的回头率，走到哪都有男人缘。

TIPS

此款发型适合长发女生。在编织左右两边的辫子时一定要拉紧，发尾处最好先用隐形皮筋捆绑，以免松散。此外，发尾处做出的大卷，也最好喷上少许定型液，以保证发型的持久。

STEPS 步骤图

1 先将头发进行中分，并梳理整齐。

2 抓取左边前额的一缕头发，分成三股进行编发。

3 将此缕头发编至发尾。

4 同样在右边前额编一个三股辫。

5 在左边前额继续抓取一缕头发，编三股辫。

6 编好后沿着前额绕至右边脑后，压住之前编好的两条三股辫。

7 将此三股辫用小黑夹固定在右边脑后。

8 用电卷棒将发尾卷成大卷状。

9 最后在左边编发开始处别上漂亮的发卡装饰即可。

1 用手抓取左边前额的一缕头发，用电卷棒从距发根5厘米处一直卷至发尾。

2 将所有头发用此方法卷出迷人的弧度。

3 用手轻轻地将头顶部分弄蓬松。

4 将整个烫卷的头发也稍稍整理松散。

5 最后在前额戴上毛茸茸的发卡就完成了！

自然蓬松披发

对于头发过长，不喜欢编发的美眉们来说，自然蓬松的披发是她们的首选发型，再搭配漂亮发饰就能轻松打造出女神范儿。

工具 电卷棒、发卡

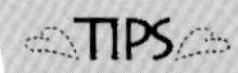

TIPS

在卷头顶的头发时，一定要把电卷棒举高，这样才能卷出从头顶到发梢都均匀的卷发。

1 取左侧一束头发，用直发器将这束头发从发根拉到发尾。

2 发尾向内弯，慢慢地往上卷一圈半或两圈。

3 再取一束头发，依照前面的方法将其卷好，直至把左侧的头发卷完。

4 用同样的方法继续处理右侧的头发。

5 一束一束地卷，直至把所有头发都卷好。

6 最后戴上漂亮的发箍即可。

TIPS

在使用直发器卷发的时候，每次所卷的发量一定要保持一致，这样才能做出漂亮的卷发。

工具 直发器、发箍

超简单直发器卷发

一觉醒来，发现头发凌乱不堪，那么该如何打理好呢？不怕，现教你用直发器卷发，3 分钟轻松做出简约时尚的造型。

PART 4 发饰、刘海的七十二变

满抽屉的发饰，却不知道如何搭配发型？

买了发箍、发带回家之后总是无从下手，结果只能沦为洗脸时使用的道具？

为什么明明换了发型，但看起来却没有多大的变化呢？

现在就教女生们一些点睛之笔，巧用各种缎带的蝴蝶结、金属感的发箍、厚实的发带、多变的刘海打造完美迷人的你。年轻的你，从头就该 YOUNG 起来！

发随饰变

从众多顶级大牌的秀场上，往往都可以看到时尚大咖们运用帽子、丝巾等点缀秀发，是不是感觉很有范呢？下面就带领各位女生，利用一些常见的配饰，让自己的发型变得不再简单，一个小小的改变，也许就能让你与众不同。

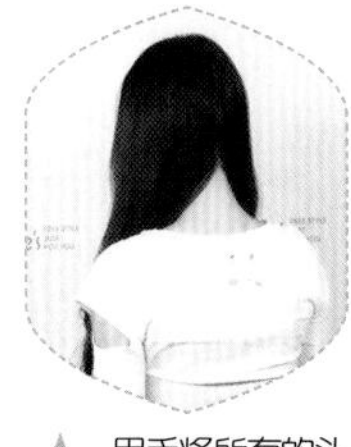

1 用手将所有的头发从中间分开，并梳理整齐。

2 将左边头发用皮筋绑好，发尾留在皮筋处。

3 剩余的马尾缠绕在橡皮筋外，用夹子固定。

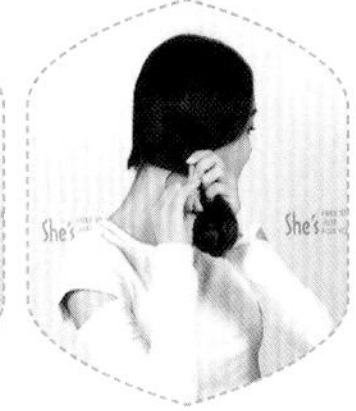

4 用同样的方法将右边的头发也绑好。

5 最后戴上漂亮的发箍即可。

工具 橡皮筋、小黑夹、发箍

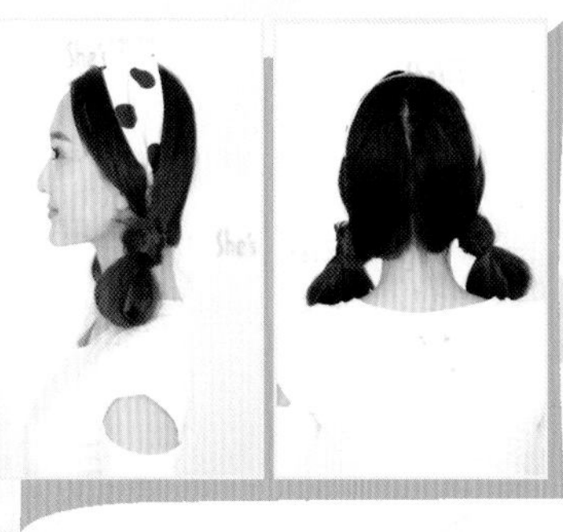

轻松活泼运动风

如今的年轻女孩爱上了运动潮流，发型取向自然就跟着改变。如何让发型既有运动活泼的气息而又不失甜美呢，发箍就是点缀的一个好的修饰品。

TIPS

女生们可依据个人脸形，可中分也可斜分，也可以戴上假的齐刘海修饰，个性发型随心变。

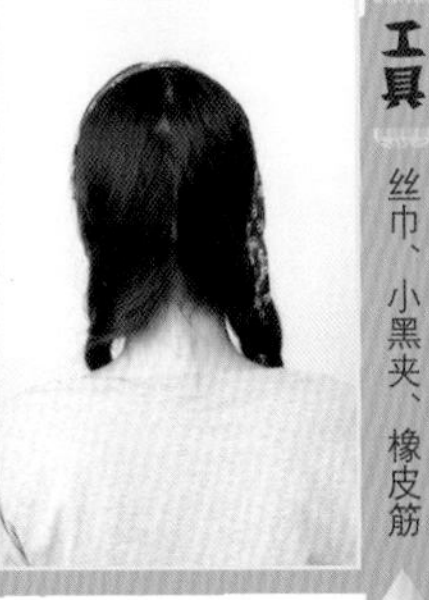

工具

丝巾、小黑夹、橡皮筋

巧用丝巾绑发

随着复古热潮的掀起，丝巾再度成为潮流饰品。大街上随处可见的腰带、手袋装饰，甚至是头上的发饰，都是丝巾的化身。那我们如何巧妙利用丝巾来打造百变发型？丝巾要如何绑发才好看呢？

TIPS

丝巾的大小、颜色、花纹可根据女生们自身的肤色、服饰、脸形、发色进行选择。

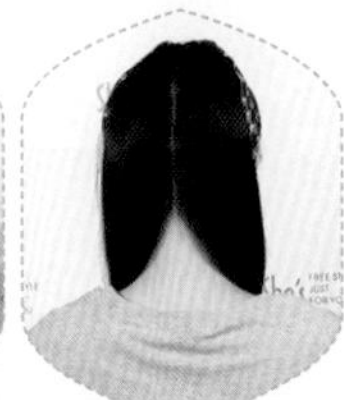

1 把丝巾折叠成长条形，自然地垂放在头顶上，用小黑夹将丝巾两侧固定好。

2 将头发用手分成两边。

3 先将左边头发分成三股，编一个麻花辫，用橡皮筋绑好。

4 另一边也编一个三股麻花辫，绑好固定，简单的发型就完成。

工具

尖尾梳、橡皮筋、电卷棒、帽子

俏皮可爱卷筒发

相信生活当中有许多女生是帽子控，由帽子拗出来的造型当然也是很美的。俏皮可爱的双马尾卷筒发显得十分小清新，清甜气质当然不言而喻，加上一顶合适的帽子就更能体现甜美气质了。

TIPS

若是头发过少，可以用电卷棒将一束头发向内卷，一束头发向外卷，这样看起来发量会多一些。还可根据女生们的服饰、发色、脸形，配上帽子，这样更显清新甜美哦。

STEPS 步骤图

1 将前额头发按4:6、脑后头发按5:5分成左右两区。

2 将左侧头发梳理顺畅，别在耳后，用橡皮筋绑成低马尾。

3 右侧头发同样梳理顺畅，别在耳后，用橡皮筋绑成低马尾。

4 取左侧马尾一小束头发，用电卷棒将这束头发向内卷起。

5 再取另一束头发向内卷起，直至将左侧马尾全部卷完。

6 下面来处理右侧马尾，与左侧一样，先取一束头发向内卷起。

7 再取另一束头发向内卷起，直至将右侧马尾全部卷完。

8 用一手固定发尾，另一手往上拉扯头发，将马尾扯得更蓬松。

9 最后戴上一顶毛茸茸的帽子即可。

工具
尖尾梳、鹤嘴夹、橡皮筋、
小黑夹、头饰

精致两股发髻

延续两侧编发一贯的清爽，又融入得体的发髻造型，平添了几分淑女韵味，瞬间化成了清新女神。快让男友举起LOMO相机，你就可以放心做镜头主角啦！

TIPS

将辫子发梢部分梳刮打毛后，给人一种扑朔迷离的神秘感。再喷上定型液，抓一抓，做出蓬松的感觉，这样一款清新、优雅的两股辫发髻就打造好了。

STEPS 步骤图

1 用尖尾梳从脑后平均分成左右两区，梳理顺畅。

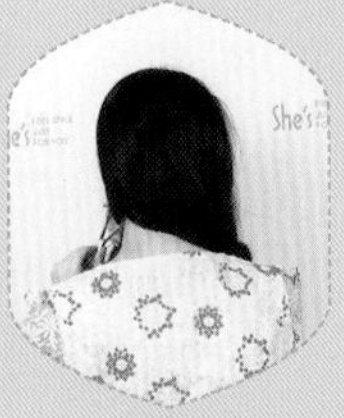

2 将左侧的头发用鹤嘴夹固定。

3 将右侧的头发分成三股，在耳朵下方编三股辫。

4 用橡皮筋将编好的辫子绑起来，留下1/3的发尾不编。

5 左侧的头发散开，分三股，在耳朵下方编三股辫。

6 同样用橡皮筋将编好的辫子绑起来，留下1/3的发尾不编。

7 将右侧的辫子向上折起，用小黑夹固定，发尾不需要固定。

8 将左侧的辫子也向上折起，用小黑夹固定，发尾不需要固定。

9 将两侧辫子的发尾倒刮打毛，使发尾更蓬松。

10 最后戴上漂亮的头饰即可。

工具

尖尾梳、小黑夹、电卷棒、发带

欧式复古刘海

如果说你爱复古，并且是可爱型的邻家女生，那么复古卷发一定不能错过。可爱的蝴蝶结发饰更是俏丽争春，锦上添花。快来摇身一变，成为复古迷人的小女人吧。

TIPS

此款卷起的刘海，用小黑夹固定后，最好喷上定型液定型，这样才能使造型更持久。

1 取左右两侧眉峰对上头顶的刘海，用尖尾梳梳理顺畅。

2 将此发束倒刮打毛即可。

3 用手从发尾开始向内慢慢地卷起，用小黑夹固定好。

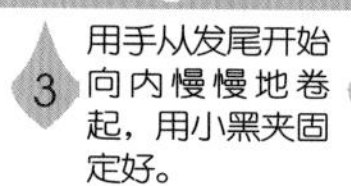

4 取左侧一束头发，用电卷棒从发尾向内卷至发根。

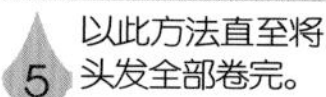

5 以此方法直至将头发全部卷完。

6 将发带放在脖子处，往上在头顶斜斜地绕成一个蝴蝶结即可。

工具
长丝巾

可爱头巾结

简单的发型只要搭配一条时尚亮眼的头巾，就能变身潮流发型造型，现在让我教大家简单的头巾DIY发型，助你装点时尚明星范儿吧。

TIPS

丝巾最好选用大一点的。头发最好都梳在左侧，加上刘海修饰，这样看起来才靓丽不失时尚。

1 将长丝巾扭成麻花状。

2 把扭好的丝巾从头顶缠绕下来，穿过颈部和头发中间。

3 将丝巾在右耳后面打结，固定好位置即可。

工具

电卷棒、发卡、贝雷帽

侧边卷筒帽子造型

时髦复古的贝雷帽，搭配时最好是保留刘海，其中又以旁分刘海最适合，这样可修饰脸形，而加上波浪弹性卷发则更能显现复古女生气息。

TIPS

此款发型也可以将集中于右侧的头发以两股辫的方式辫至发尾，固定，将发尾打毛，再将发辫由外往内卷，发尾的部分藏在发辫内层，用黑夹子固定，配上贝雷帽，优雅的发髻造型大功告成。

STEPS 步骤图

1 将头发进行大偏分，并梳理柔顺。

2 将所有头发全部集中在右边。

3 用电卷棒将头发卷出弧度。

4 卷完之后，用手将头发梳理开。

5 所有头发往一个方向旋转成一束。

6 用两手稍微往不同方向拉扯，使发型更自然。

7 在右边前额别上漂亮的发卡。

8 最后戴上贝雷帽即可。

工具
橡皮筋、丝巾

华美丝巾编发

丝巾与辫子结合的方式十分特别，丝巾的花纹虽然只是若隐若现，但从背面到正面的每个角度都能看见，是款非常有特色并且具有优雅气质的发型，爱漂亮的女生可以在家试试哟！

TIPS

女生们注意了，此款发型最重要的是对丝巾的处理。编的时候要把丝巾边扭转边编，辫子才会密实，丝巾的花纹才会若隐若现。编完后，丝巾尾端要绕住橡皮筋一圈，再打结固定，翻折成花。

STEPS 步骤图

1 用手抓取前额中区的一束头发，用皮筋绑好固定。

2 将丝巾放在辫子下面。

3 把丝巾在辫子上打个结。

4 将两段丝巾当作头发与中间的发束一起进行三股编发。

5 在编发的时候，将左右两边预留的头发加进去，进行3＋2编发至后颈处。

6 将丝巾去除，继续进行三股编发。

7 编至发尾，用橡皮筋绑好固定。

8 将发尾向内折叠，用丝巾缠绕之后绑好，打个漂亮的结即可。

巧用发箍变身

无论是飘逸的直发还是蓬松的卷发或扎发，从 Prada、Dior 的西方 T 台延伸到东京的秀场，看遍各大秀场，各式发箍全面出击，全部选择发箍领导本季时尚！下面就来看潮人女生的发箍怎么戴好看，轻松 UP 时尚气质！

1 取左侧一束头发，用手指将发尾不断地拧转。

2 边拧转发尾边用吹风机由发尾吹至发根。

3 用手将头发弄松散，在发尾处边吹边弄。

4 取右侧头发，用同样的方法将头发吹卷。

5 直至将全部头发吹卷。

6 最后将头发弄松散，戴上发箍即可。

工具 吹风机、发箍

甜美可人长卷发

这款发型看上去随性但不随意，电卷的发型很显气质，将一边头发随性地放在背后，尽显甜美可人的气质。

TIPS

长卷发一般用电卷棒烫，但是容易伤头发哟，因此女生们可借助此款造型的方法打造卷发。

工具：橡皮筋、小黑夹、发箍

气质公主盘发

英伦风今年很流行哦，是不是被那迷人的气质所吸引呢？其实打造起来也很简单的，利用发包和发箍的搭配，也可以让你散发皇家气质，各位女生也可以在家尝试此款发型哦！

TIPS

若要修饰脸形，可用尖尾梳将两侧的头发挑出少许，再用电卷棒卷一下，会更加美丽哦！

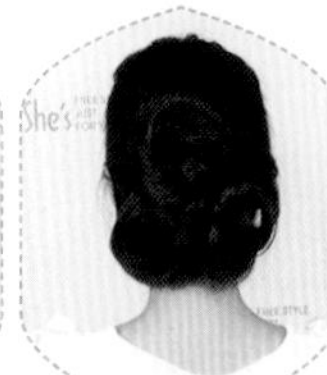
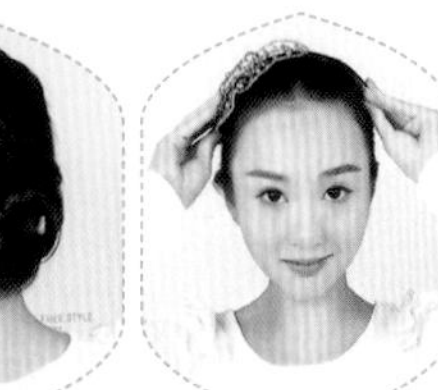

1 先扎一个低低的公主头，用橡皮筋固定。

2 将上区的头发绕成一个松松的苞苞头。

3 用小黑夹将头发固定好。

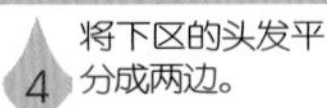

4 将下区的头发平分成两边。

5 以前面绕公主苞苞头的方法将下面两边的头发，分别绕成小苞苞头，用夹子固定。

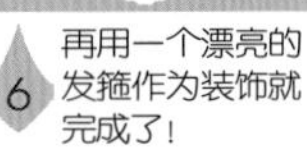

6 再用一个漂亮的发箍作为装饰就完成了！

工具

小黑夹、发箍

懒人 BOBO 头

长发女生们要是觉得自己的发型过于单调的话，就来看看下面小编介绍的一款长变短 BOBO 头扎发教程，巧妙地利用编发技巧再配合精致的发箍更显女生的调皮甜美感哦。

TIPS

头发在耳畔两侧内卷蓬松起来，因此三条三股辫最好从颈部发际线开始编织，而不要太高，以免影响蓬松效果。BOBO 头配上精美的发箍，看上去长发瞬间变短发，令发型干练又不失时尚女人味。

STEPS 步骤图

1 先取右侧头发，并分成均等的三股发束。

2 内侧发束往外编，逐步交叉三股发束，成三股辫。

3 再取左侧头发，同样分成均等的三股发束。

4 外侧发束往内编，逐步交叉三股发束，成三股辫。

5 将后侧头发编织成蓬松三股辫。

6 将左侧编好的辫子尾巴向内往上卷，并用小黑夹将其固定于颈部发际线位置。

7 将右侧编好的辫子尾巴向内往上卷，同样用夹子将其固定于颈部发际线位置。

8 再将后侧编好的辫子尾巴向内往上卷，用小黑夹将其固定于颈部发际线位置。

9 最后戴上漂亮的发箍即可。

工具

橡皮筋、小黑夹、尖尾梳、发箍

动感麻花辫盘发

女生发型变化很多，而且在细节上要求细致精美富有个性，给人甜美而时尚的感觉。现在就开始学习如何运用编麻花辫与发箍的结合，打理出时尚的盘发发型，让你轻松成为人人关注的焦点。

如果觉得头太圆，可借助发辫的纹路增加头顶高度，让脸形看起来更加完美。

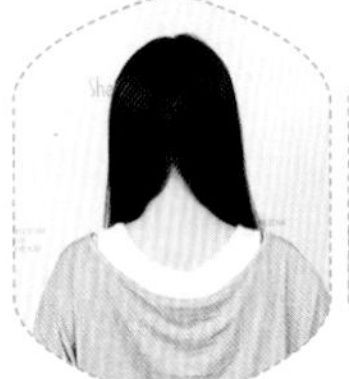

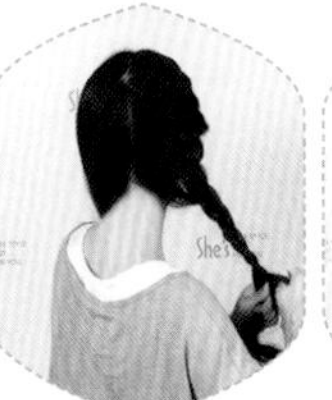

1 用手将头发中分成两边。

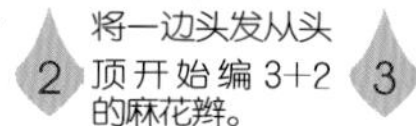

2 将一边头发从头顶开始编 3+2 的麻花辫。

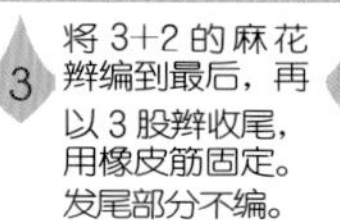

3 将 3+2 的麻花辫编到最后，再以 3 股辫收尾，用橡皮筋固定。发尾部分不编。

4 另一边头发，同样也编 3+2 的麻花辫。

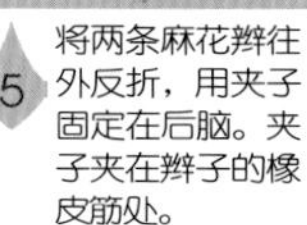

5 将两条麻花辫往外反折，用夹子固定在后脑。夹子夹在辫子的橡皮筋处。

6 用梳子刮发尾后绕一下，再用夹子固定，让发尾盖住夹子和橡皮筋，戴上发箍。

工具

尖尾梳、小黑夹、橡皮筋、发箍

优雅婉约低马尾

非常适合 OL 女生们的优雅低马尾，融合了一点点绑发技巧的马尾更有新意，低绾于脑后尽显婉约气质，戴上适合的发箍瞬间让你变身韩剧女主角。

TIPS

此款发型可在扎橡皮筋的地方加上蝴蝶结发饰做装饰，代替前面的发箍，这样更显淑女哟！

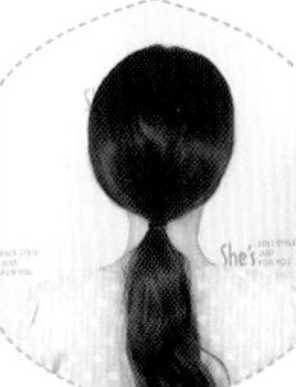

1 先将头发分成上下两区。

2 用尖尾梳将上区头发逆刮至蓬松。

3 用手将上区头发往后拢起，用小黑夹固定。

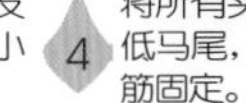

4 将所有头发扎成低马尾，用橡皮筋固定。

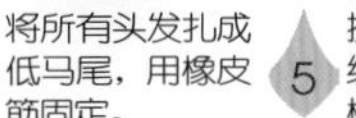

5 抓出一小撮头发绕着橡皮筋，把橡皮筋藏起来，再用夹子固定住。

6 最后戴上发箍就完成了！

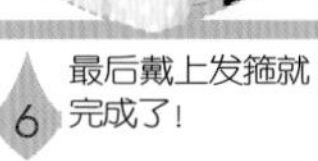

1 先用手将全部头发抓起来。

2 用橡皮筋将头发绑成高高的马尾。

3 然后用尖尾梳将马尾由上往下刮松，制造出自然的蓬松感。

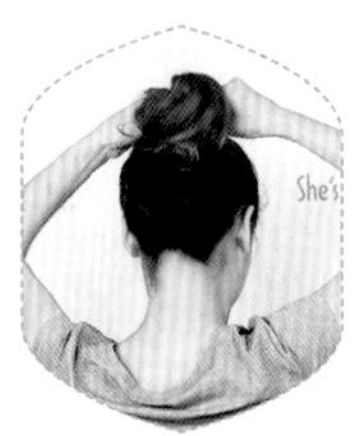

4 将刮松的头发稍微地扭转，即成发髻。

5 将发髻用小黑夹固定，戴上漂亮的发箍即可。

活力动感丸子头

炎炎夏日即将到来，一头浓密的长发不知如何打理？不妨来打造一个活力动感的丸子头吧！

工具

橡皮筋、尖尾梳、小黑夹、发箍

TIPS

注意将马尾扭转成发髻后，一只手用小黑夹固定，另一只手一定要握好发髻，以防散开。

1 将头发以右上左下的方向，斜分成两区。

2 把左区的头发分成均等的三股发束，编三股辫。

3 再将右区的头发分成均等的三股发束，编三股辫。

4 把左区编好的三股辫以顺时针方向卷成发髻，并用小黑夹固定。

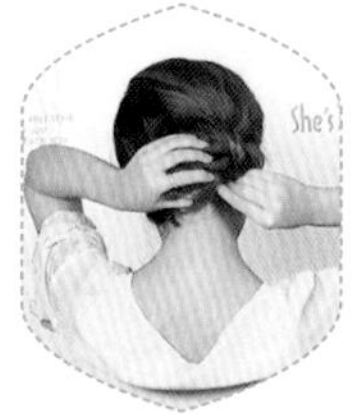

5 将右区编好的三股辫以顺时针方向卷成发髻，发尾与左区的发髻贴在一起，再用小黑夹固定。

6 最后戴上漂亮的发箍装饰即可。

TIPS

头发稀少的女生可先将整个发顶的头发打毛，编好的辫子也要扯松散再盘成发髻哦！

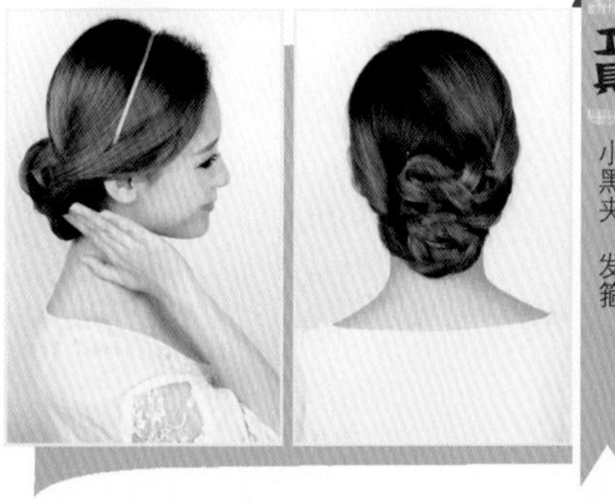

工具

小黑夹、发箍

清爽麻花辫盘发

由麻花辫演变而来的时尚发型并不少，然而这款简单盘发，会令你显得清爽、利落，也透露着女性的温柔、细腻。

工具 尖尾梳、电卷棒、发箍

超水灵中分梨花卷

中分梨花卷，更突显女人味，而微卷的效果，则增加了女生的优雅时尚度。另外，中分的发型设计，遮盖住女生过高的颧骨，起到修饰脸形的效果。最后加上漂亮的发箍就更美啦！

TIPS

梨花卷更适合中短发女生，卷的时候一定要平着卷，而且不宜卷得太高，两边卷的高度要一致。

1 用尖尾梳从头顶开始将所有头发中分，梳理顺畅。

2 取右侧一缕头发，用电卷棒从发尾开始向内卷起。

3 另取一缕头发，从发尾开始向内卷起，直至将右侧头发卷好。

4 取左侧一缕头发，与右侧一样从发尾开始向内卷起。

5 直至将左侧头发卷好，再用手适当地抓松，使之蓬松、自然。

6 最后戴上漂亮的发箍即可。

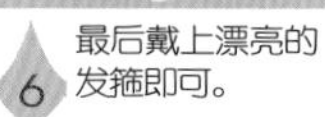

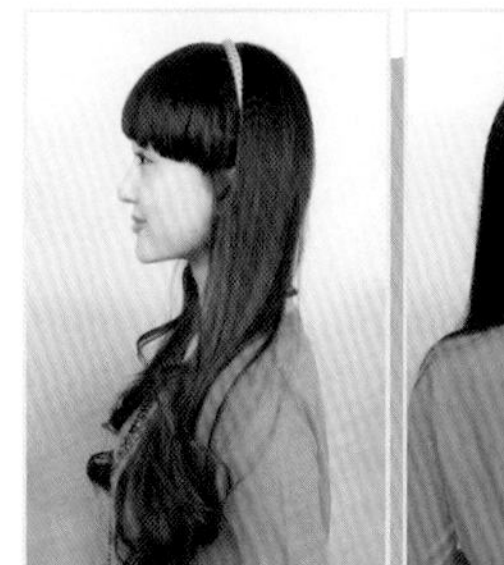
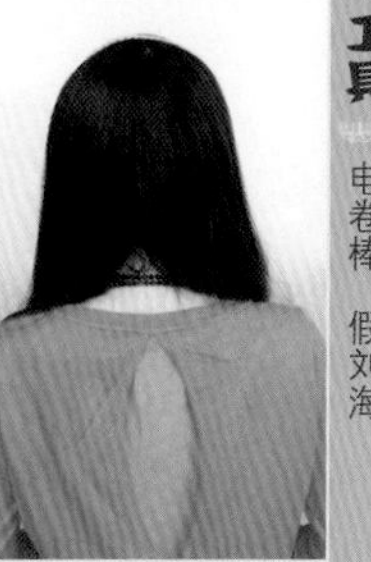

工具

电卷棒、假刘海

假刘海迷人长卷发

想在夏季变身乖巧可爱的小女人，可以先从刘海开始改变。没有令人羡慕的长刘海，可以用圆形假刘海来代替。

TIPS

在假刘海和头发之间，可选用精致时尚的发箍或者发带做装饰，这样可使衔接更加自然。

1 头发中分，取左边一缕头发，用电卷棒从头发中间开始往外卷至发尾，卷大波浪。

2 将所有头发按此方法卷成大卷。

3 将所有卷好的头发用手弄得松散自然。

4 拿一个假刘海，将两边的头发夹至耳后。

5 戴上假刘海，并将头发弄自然，简单的假刘海长卷发就完成了。

刘海改造

刘海对女生来说真的十分重要！如果刘海不适合或者不注重刘海的打扮，就算是娱乐圈的女神，也将惨变平凡的路人甲！刘海选对了，才能让自己更加美美的，才能稳占女神宝座哦！

1 在右侧耳朵上方，用尖尾梳将头发垂直分区。

2 将前额预留出来的刘海用鹤嘴夹夹住。

3 将后面头发梳起来，再用皮筋绑成高马尾。

4 将前额预留出的刘海散开，并梳理顺畅。

5 弯向耳后，缠绕皮筋几圈，用夹子固定。

6 最后戴上漂亮的发箍即可。

工具 尖尾梳、鹤嘴夹、橡皮筋、发箍

气质斜刘海马尾辫

这款发型相对来说比较简单，也很百搭好看，无论你是去约会、聚会或是上班都是很赞的，搭配OL套装或是晚宴礼服都超级能衬托出气质呢。

TIPS

前额预留的头发弯向耳后，盖住橡皮筋，注意不要拉扯太紧，以免刘海看起来不自然。

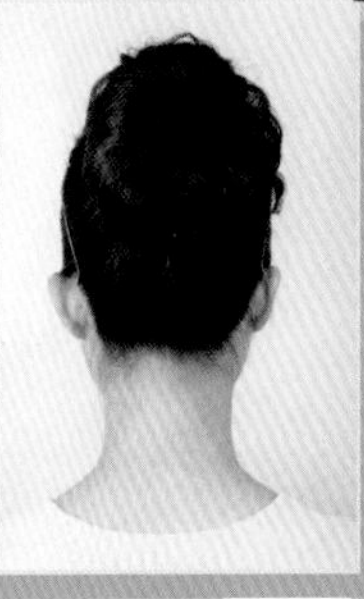

工具

尖尾梳、小黑夹、橡皮筋、发箍

宫廷复古丸子头

如果你没有刘海，又舍不得剪掉你好不容易留的长发，那么今天就给女生们推荐一款好看又清爽的宫廷复古头，这款不仅气质端庄大方，还很有王妃的气场哦！

TIPS

卷起的刘海部分最好挑较少的头发卷制，以免头发太多，拢起太高，效果欠佳。

1 取左右两侧眉峰对上头顶的刘海，用尖尾梳梳理顺畅。

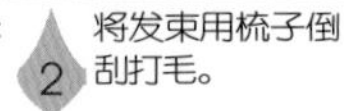

2 将发束用梳子倒刮打毛。

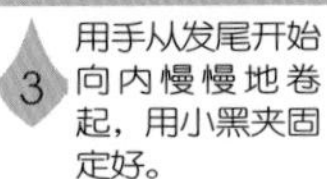

3 用手从发尾开始向内慢慢地卷起，用小黑夹固定好。

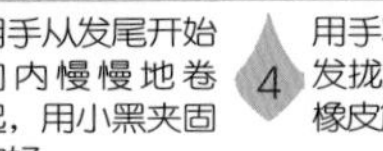

4 用手将剩余的头发拢起来，并用橡皮筋绑好。

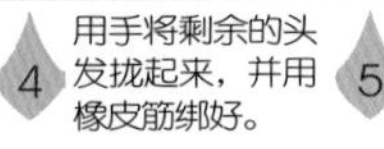

5 再用手指倒刮发束，使其更蓬松一些。

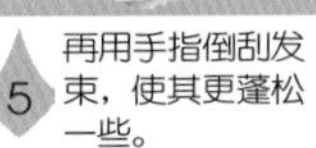

6 将发束扭卷成一个大的发髻，用黑夹固定好，戴上发箍即可。

工具
尖尾梳、橡皮筋、小黑夹、发箍

妩媚派对盘发

精致优雅的发髻可以做出新的变化，适当放松发髻制造凌乱慵懒的效果，更适合不太正式的派对场合，同时也能让发量感得到增强，搭配大尺寸耳环或斜肩晚礼裙都非常完美！

TIPS

由于此款造型是用发尾打造的刘海，所以女生们要估算好绑成花苞后预留头发的长度，以打毛往前整理后正好与眉毛齐平为佳，这样看起来才自然，也能起到很好的修饰脸形的作用。

STEPS 步骤图

1 取头顶一部分头发，量不需要太多，用皮筋绑成半个花苞，发尾不要全部拉出来。

2 将剩余的头发分成上下两区。

3 用橡皮筋将上区的头发绑成半个花苞，发尾也不要全部拉出来。

4 将下区的头发绑成半个花苞，发尾同样不要全部拉出来，并用小黑夹固定。

5 将上区花苞的发尾绕橡皮筋转圈，用小黑夹固定。

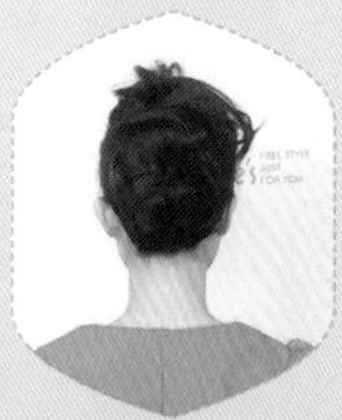

6 再与下区花苞相互交缠，往外拨开拨乱，用小黑夹固定成一个较大的发髻。

7 将头顶的花苞也用小黑夹固定好，发尾倒刮打毛，往前整理下，即成刘海。

8 最后戴上漂亮的发箍即可。

工具
橡皮筋、小黑夹、发箍

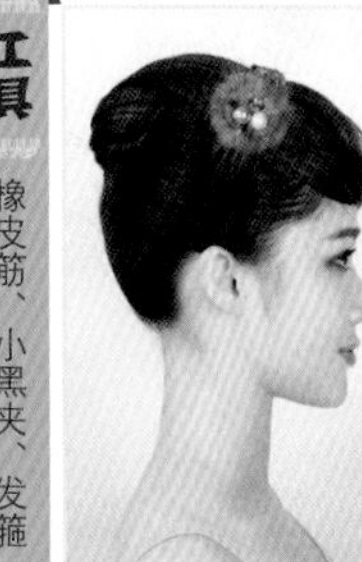
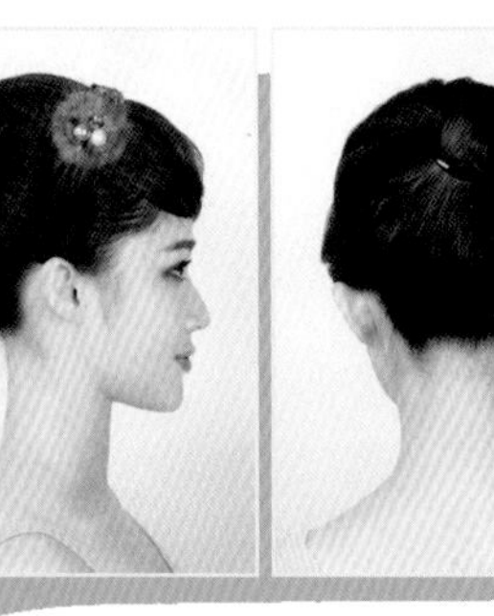

发尾巧变刘海

想要体验一下从光光的额头变成带有女生气息的斜刘海花苞头吗？不用剪刀，不去发廊，更不花钱，只需要你的马尾，就能轻松变斜刘海美少女，还等什么呢？

TIPS

将发尾改造成刘海，最好用电卷棒将其卷一下，这样发尾巧变的刘海才会自然伏帖。

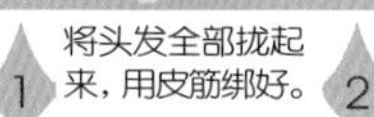

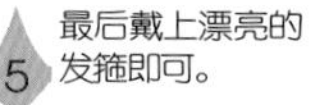

1 将头发全部拢起来，用皮筋绑好。

2 将发束在后脑勺中间扭转几下，并将发尾拧到头顶前面。

3 用小黑夹将发束固定在头顶上。

4 将发尾往前梳理打毛，再往一侧梳理整齐。

5 最后戴上漂亮的发箍即可。

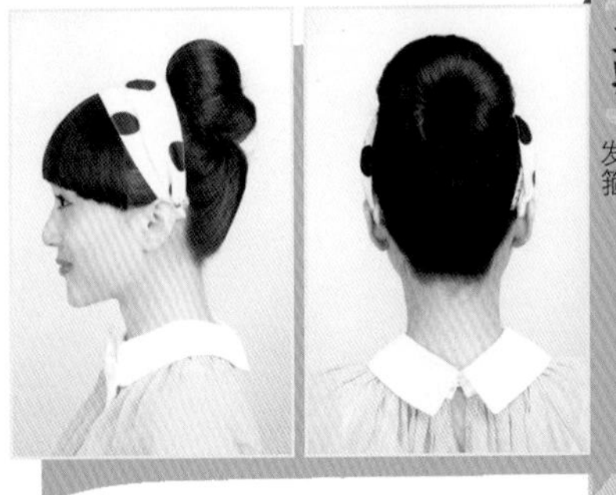

工具 橡皮筋、小黑夹、假刘海、发箍

唯美小赫本

想成为俏丽活泼的女主角吗？这款齐刘海丸子头就是模仿奥黛丽·赫本在电影里的发型打造的。厚重的齐刘海，俏丽的丸子头，瞬间修饰出一张巴掌小脸，减龄不少哦！

TIPS

若头顶的发髻不易盘成型，女生们可借助丸子头盘发器进行盘发，更简单易行哦！

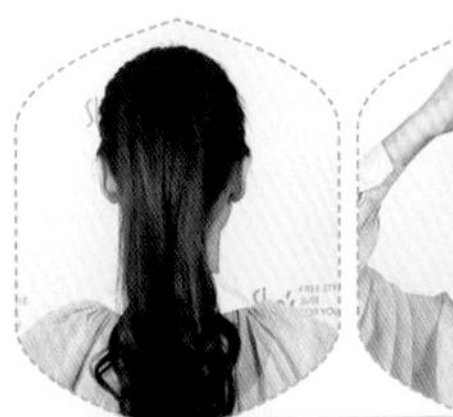

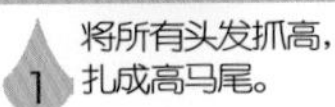

1 将所有头发抓高，扎成高马尾。

2 将马尾从发尾往里卷至橡皮筋处，做空心卷，用小黑夹固定。

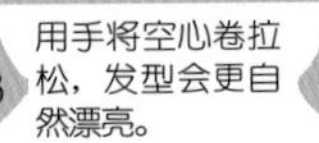

3 用手将空心卷拉松，发型会更自然漂亮。

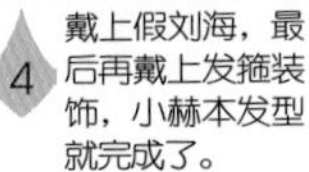

4 戴上假刘海，最后再戴上发箍装饰，小赫本发型就完成了。

工具
小黑夹、电卷棒、发卡

丸子刘海造型

新颖的创意盘发设计，将刘海处的发丝在头顶盘成一个小花朵发髻，突显出无限美感，而后面散开的头发弄成大卷，突显出美丽迷人之气，固定住发型的同时，又为发型增添了美感。

TIPS

编发与花苞也可以结合起来，将前额的头发编好后拉松再以顺时针扭转固定成丸子刘海，女生们若有精美的花朵型发夹，不妨夹在右侧边，这样此款发型就更添丰盈甜美感啦。

STEPS 步骤图

1 用手将头发进行大偏分。

2 用手抓取右边前额的一束头发，梳理柔顺。

3 将头发分成两束，交叉编至发尾。

4 用左手固定发尾，用右手将头发拉扯松散。

5 用左手固定发根部，用右手将头发绕成一个发髻，用夹子固定。

6 将耳朵上方的头发全部梳至右耳后方。

7 将发束顺时针扭转卷成发髻。

8 此发髻用小黑夹固定。

9 用电卷棒将下区的头发发尾卷成大卷状。

10 将卷好的头发往身前拨弄，在发髻上戴上小发卡即可。

工具

橡皮筋、小黑夹

娇俏 BOBO 短发

如何将一成不变的长发变得更有新意更漂亮，现在就来教大家一个简单的 BOBO 短发，让你瞬间变得娇俏可爱，更符合自己的气质，快来试试吧。

TIPS

此款发型不适合头发层次太多的女生，长齐发女生们才有的秒变短发的福利哦。

1 先将所有头发绑一个低马尾，将橡皮筋适当地往下拉。

2 在接近发尾 10 厘米的地方绑上橡皮筋。

3 将发尾往内卷至后颈，呈现自然内弯弧度。

4 用小黑夹固定，注意不能使小黑夹露在外面。

工具

尖尾梳、小黑夹、橡皮筋、发卡

斜刘海侧苞头

此款发型随性而又不失精致典雅，适合多种年龄段的女性。刘海部分更添自然，有适当的减龄效果，各位女生快来试一下吧。

TIPS

将头顶的头发倒刮打毛时注意，尖尾梳一定要朝向后面，以免打造出来的刘海太毛糙哦。

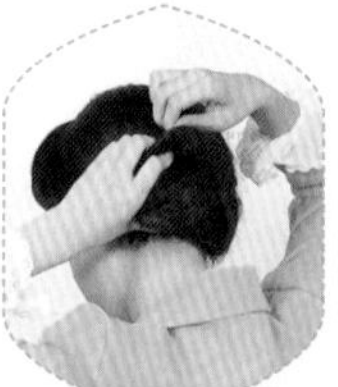

1 用尖尾梳将头顶前面的头发梳到前面，倒刮打毛。

2 用手指从发根开始向内卷半圈，再用小黑夹固定在一侧。

3 将剩余的头发都梳到一侧，用皮筋绑成侧马尾。

4 用手指将此发束刮蓬松，向耳后卷成发髻。

5 用小黑夹将发髻固定在一侧。

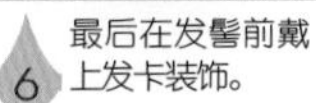

6 最后在发髻前戴上发卡装饰。

PART 5 场景对号不出糗

无论你属于上班族、派对狂人、恋爱中的宝贝，或旅行发烧友，一款合适的发型，绝对会让你更出彩，为你的美丽加分！掌握不同场合、不同发型的打造方法，你就能轻松融入各种场合。

职场

对于在职场上努力奋斗的 OL 族，她们的发型不可以过分花哨，否则会影响自己在职场上的专业形象。因此，一款好的发型十分重要，不仅能提高你的职场魅力，还能使你在工作上更加有信心。

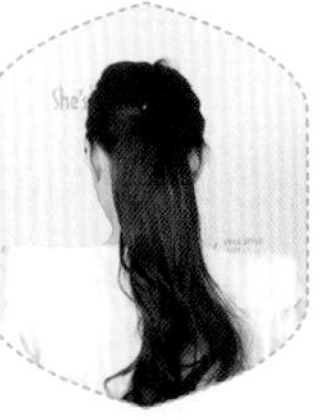

1 先绑个马尾，位置大概在耳朵上缘。

2 将马尾弄松，用手在马尾上方挖个洞。

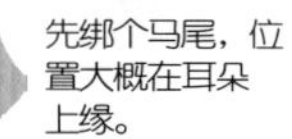

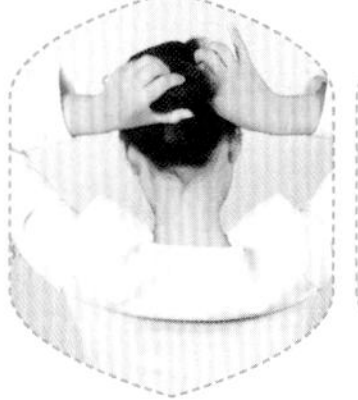

3 将马尾卷成一束，让头发聚集而不松散。

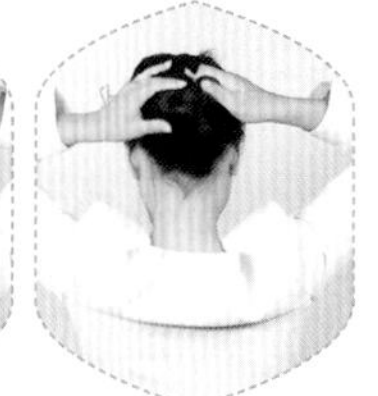

4 把卷好的马尾全部塞进前面拨开的发洞里。

5 用夹子固定好，最后用发饰做点缀！

工具

橡皮筋、小黑夹、发卡

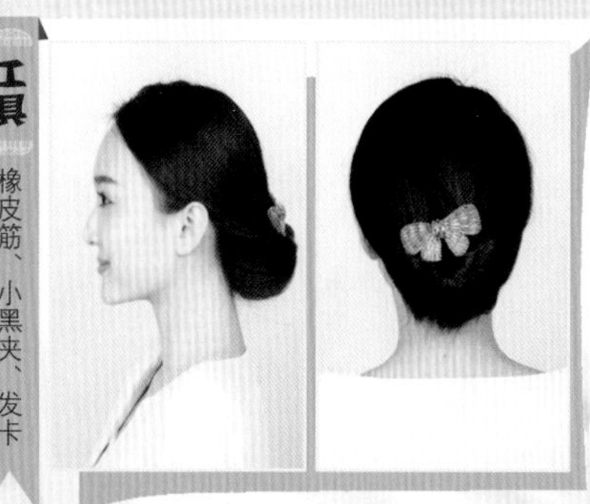

甜美气质苞头

这款上班族女生无刘海丸子头高盘发操作非常简单，只需将头发在发旋处盘成一个简单的发髻，不需要过于伏帖，稍显凌乱，即可更显甜美气质。

TIPS

此处挖的洞要预留合适的空间，头发塞进去才能松紧有致，显得甜美而又得体。

工具

橡皮筋、小黑夹、插梳

性感盘发

此款发型的头发是全部盘起，发尾自然垂下，彻底地展示整张脸的同时也让你完全地展现你的性感和妩媚。

取小束头发要与头皮紧密贴合，扭转后不留毛边，固定后要对称才会显得更有气质。

1 取头顶一部分头发（发量大约占全部的1/3），用橡皮筋绑起来。

2 将此束头发扭转一下，并用小黑夹固定在后脑勺上，使发尾自然地散下来。

3 取右侧耳旁一小束头发，扭转几下，并用小黑夹固定在后脑勺上。

4 另取左耳旁一小束头发，扭转几下，再用小黑夹固定在后脑勺上。

5 将剩余的头发扭转后用夹子固定在后脑上，让发尾自然散落，呈现出随性的感觉。

6 最后插上花朵密齿插梳装饰就完成了。

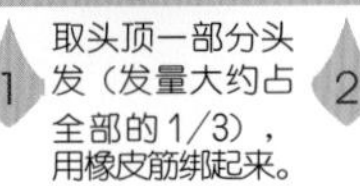

工具

小黑夹、电卷棒、插梳

职场韩式包发

上班族女生时间非常匆忙，因此不妨将长发梳至发旋处，简单地盘成一个发髻，配上职业装，简约而又时尚，更显干练的气场。

此款发型由于扎马尾时，没有将马尾彻底拉出，一部分垫放在马尾下，所以可以将长发变短，又可以使马尾看起来蓬松。对于前额的头发，可自然地将其垂至两耳旁修饰脸形，也可固定于包发处。

STEPS 步骤图

1 先将前额两边各预留一缕头发。

2 将剩余的头发扎中低马尾。

3 在最后一次不要将马尾拉出。

4 用手将整个马尾的中间稍微拉松。

5 将整个马尾往里压，形成包发，用小黑夹固定。

6 用电卷棒将前额的头发卷出弧度。

7 将卷好的头发往后，在包发处用小黑夹固定。

8 最后用珍珠密齿插梳装饰即可。

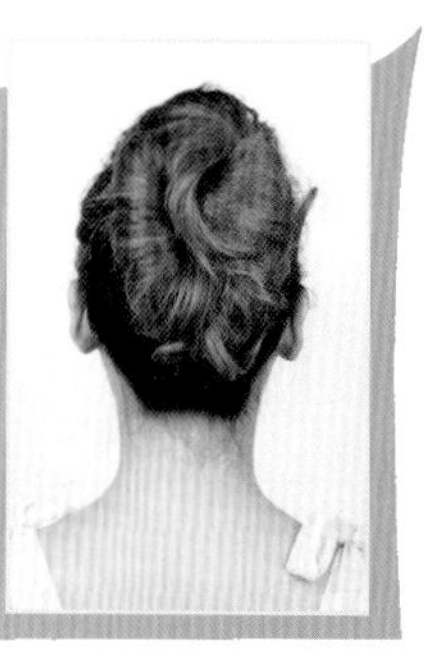

工具

鹤嘴夹、橡皮筋、尖尾梳、小黑夹、发饰

OL盘发

起伏的波浪线条是制胜关键，松散随意并不意味着毛糙凌乱，生动蓬松的卷发光泽质感是基础。将卷发固定在脑后隆起，形成好看的花苞盘发，才是女人味十足的人气发型。

TIPS

松散卷发更具韵味，关键在于松散，马尾部分的头发要梳理顺畅，卷成发髻之后更加地有致有型。

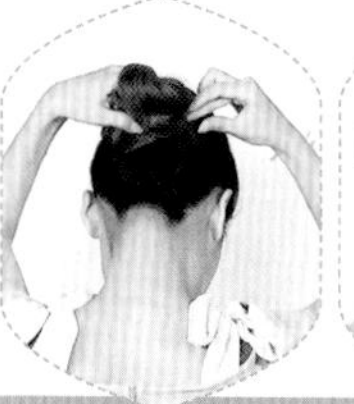

1 从头顶分出一束头发，并用鹤嘴夹固定。

2 用尖尾梳将下面的头发梳理顺畅，再用橡皮筋绑成马尾。

3 将绑好的马尾拉松一点后卷成发髻，用夹子固定。

4 将头顶的头发散开，倒刮打松散。

5 在头发中间用小黑夹固定。

6 最后发尾也用小黑夹固定在发髻上，戴上漂亮的发饰即可。

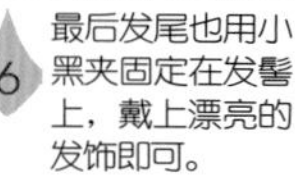

工具 尖尾梳、橡皮筋、小黑夹、发卡

成熟知性低髻

作为一名职业女性，美好的形象是可以 UP 工作运的，不仅自己自信，对他人也是一种尊重。简单的知性低髻是最完美的，显示出知性优雅职业范儿，你不能错过。

TIPS

想要可爱俏皮一点的女生可以尝试留个刘海，比如传说中的空气刘海、斜刘海、齐刘海，都不错哦！

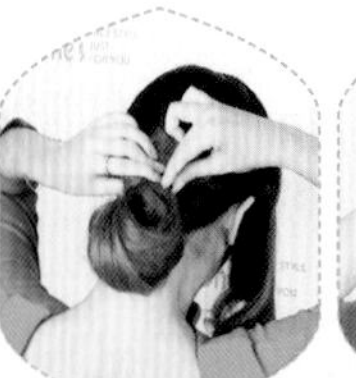

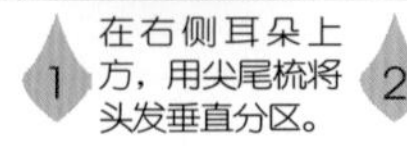

1 在右侧耳朵上方，用尖尾梳将头发垂直分区。

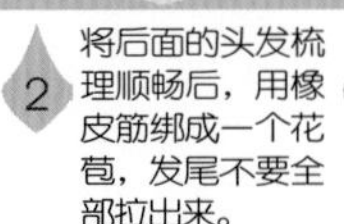

2 将后面的头发梳理顺畅后，用橡皮筋绑成一个花苞，发尾不要全部拉出来。

3 将花苞的发尾绕着橡皮筋转圈，用小黑夹固定好。

4 将前额预留出来的头发梳理顺畅。

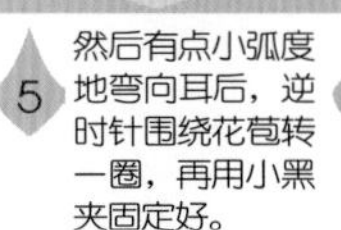

5 然后有点小弧度地弯向耳后，逆时针围绕花苞转一圈，再用小黑夹固定好。

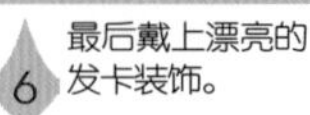

6 最后戴上漂亮的发卡装饰。

工具
尖尾梳、橡皮筋、小黑夹、插梳

优雅 OL 韩式盘发

优雅 OL 韩式盘发发型，让你无论在哪里上班，都一样闪亮耀人。简单打造动感花苞头，随意的扎发，尽显白领气质！让我们一起看看吧！

TIPS

女生们注意了，发髻的位置不要太高或者太低哦，后脑勺正中间是不错的选择。此外，发髻需要较多的小黑夹固定，小黑夹要尽量夹在发髻底座，并在头发的中间藏好，不要露出来，这样才自然。

STEPS 步骤图

1 用尖尾梳将头发梳理顺畅。

2 将两侧的刘海预留一部分出来。

3 用皮筋将剩余的头发绑成低马尾。

4 将绑起来的马尾分成两股，交叉扭转成一股发束。

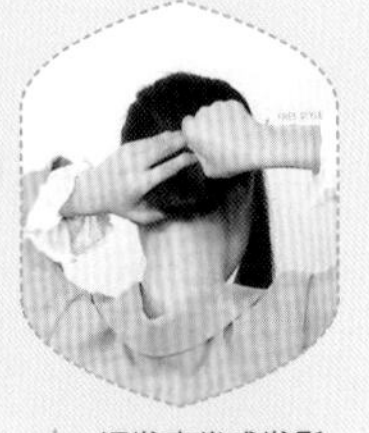

5 把发束卷成发髻，用小黑夹固定。

6 将左侧刘海用电卷棒从发尾开始向外卷起，直至形成外翻的大卷。

7 再将右侧刘海从发根开始向外卷起，直至形成外翻的大卷。

8 将两侧卷好的刘海小弧度地弯向耳后，用小黑夹固定在发髻上面。

9 最后插上漂亮的密齿插梳即可。

工具
橡皮筋、小黑夹、发饰

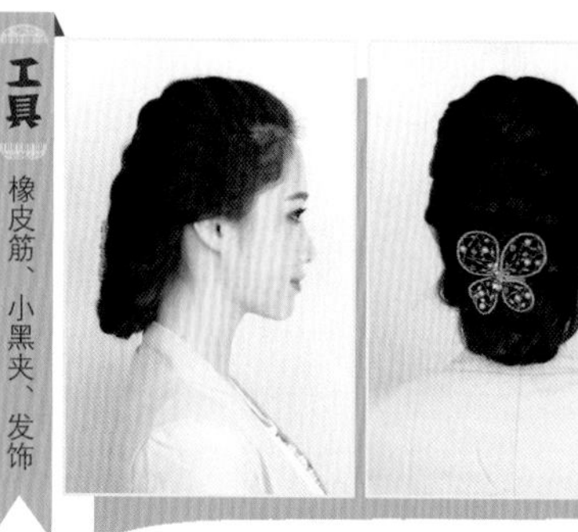

干练时尚发型

很多步入职场的女生或许会因为自己的一张娃娃脸或不够成熟的气息而烦恼，今天就教大家一款显得干练成熟的发型，全部头发后梳编成辫、绾成髻，简单易学，而且适合上班一族。

TIPS

在挑后脑勺的头发时，一定要从正中分开成两缕加入编发，这样便于将发尾卷进去藏住。

1 取头顶一部分头发，分成三股，先往下编三股辫。

2 一边编一边加入一束头发续编，保持三股头发。

3 以此类推，直至将头发编成一条粗粗的辫子。

4 用橡皮筋绑好，留下1/3的发尾不编。

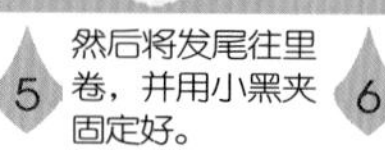

5 然后将发尾往里卷，并用小黑夹固定好。

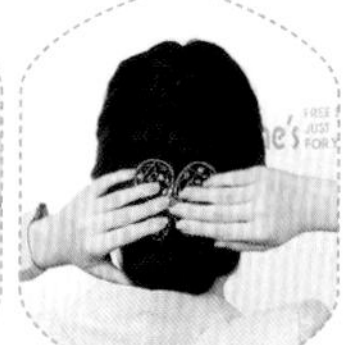

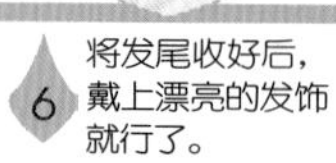

6 将发尾收好后，戴上漂亮的发饰就行了。

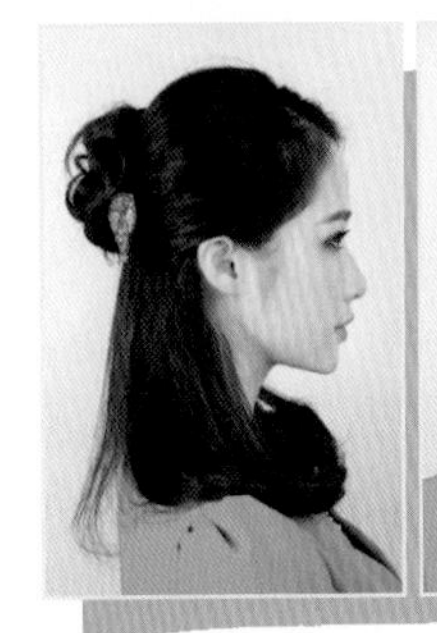

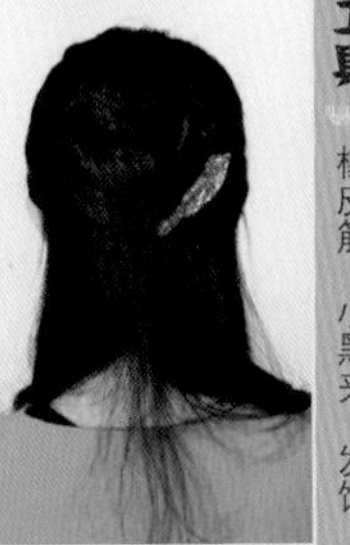

工具

橡皮筋、小黑夹、发饰

职业女性半披头

披肩的中长发烫上简单随意的大卷效果更显自然，斜分的刘海更是温婉柔美，将上部区域绾成发髻，发型整洁不凌乱，更适合职业女性。

TIPS

插梳控的女生们，也可根据自己的喜好，在头顶发髻处插入精美的插梳，这样更加漂亮哦。

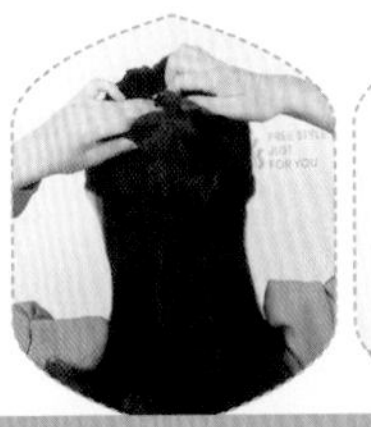

1 将头发分成上下两区。

2 用皮筋将上区的头发绑起，扭转几下，用小黑夹固定，留下发尾。

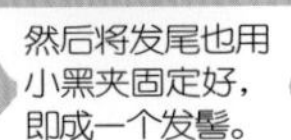

3 然后将发尾也用小黑夹固定好，即成一个发髻。

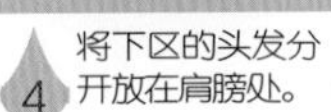

4 将下区的头发分开放在肩膀处。

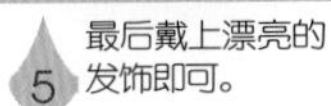

5 最后戴上漂亮的发饰即可。

工具

橡皮筋、小黑夹、发卡

OFFICE 女郎半包发

此款发型是时尚与经典的搭配。辫子，从来都不会过时。此款发型就是最经典的辫子造型加上简单的盘发，上班时显大气干练，下班之后又显甜美。

TIPS

此发型尤其适合长直发女生，利用藏头发的方式，让长发瞬间变短发，又可以增加发量。但要注意，将发束卷起后，一定要固定好，以免发型被头发的厚垂感破坏，丧失其淑女干练气质。

STEPS 步骤图

1 取前额中区的一小部分头发。

2 将此束头发分成三股，进行三股编发。

3 一边编一边加入旁边的少许头发。

4 编至头发 1/4 处时，用皮筋绑好。

5 然后用橡皮筋将未编的发尾与剩余的头发一起绑成低马尾。

6 将绑好的皮筋往下拉至头发中间。

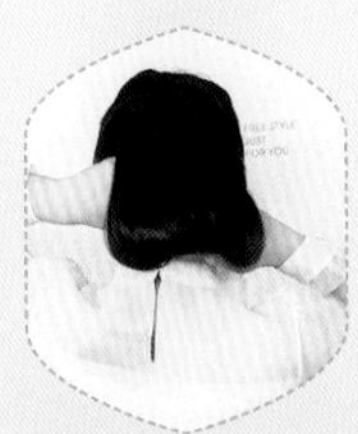

7 将此发束向内卷起，用小黑夹固定好。

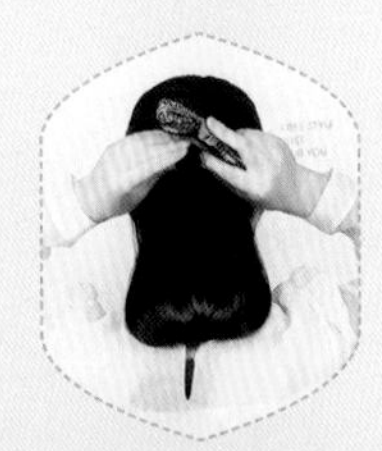

8 最后别上漂亮的发卡即可。

工具

尖尾梳、橡皮筋、小黑夹、发饰

OL 魅力盘发

这款发型散发出成熟知性的女性魅力，简单的盘发体现出你精致的五官，饱满的额头让五官更加立体。职场就是需要这样精神饱满的发型，让人看上去充满朝气，下班后可以配上有个性的眼镜，让你轻松自在。

TIPS

此款发型的马尾不可扎得过高，以马尾扭转盘起后至头顶为佳，这样才自然饱满。

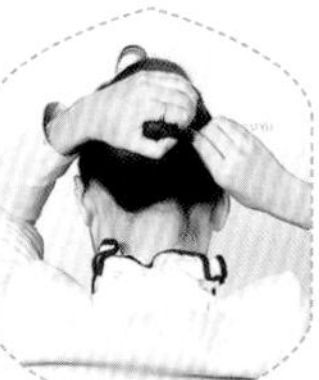

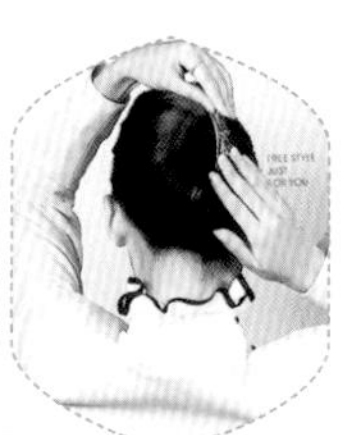

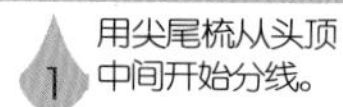

1 用尖尾梳从头顶中间开始分线。

2 将头发拢起，梳理顺畅，再用橡皮筋绑成马尾。

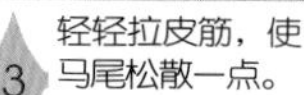

3 轻轻拉皮筋，使马尾松散一点。

4 将马尾往上向右侧扭转，并包裹住发尾。

5 再用小黑夹固定连接在发尾、发髻、发根这三个部位。

6 最后戴上漂亮的发饰即可。

工具
鹤嘴夹、小黑夹、发卡

精致白领公主头

带着蓬松感的精致公主头，柔顺的发丝和精美的发辫完美结合，透露出十足的秀气和高贵之感。漂亮的发卡又起到了锦上添花的作用，彰显出优雅别致的职场风范。

TIPS

卡通味十足的甜美编发，分两侧编两条辫子之后在脑后交叠，适合发量较多的卷发女孩。

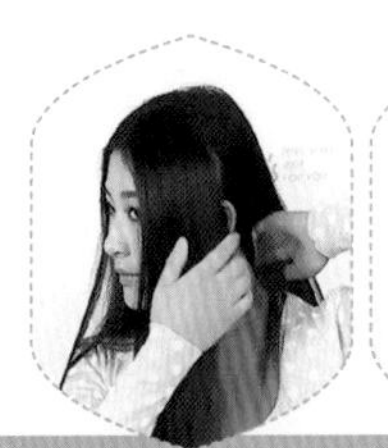

1 在耳朵处，将两边的头发与脑后的头发分开。

2 脑后的头发用鹤嘴夹固定。

3 先将左边前额的头发抓取两缕头发交叉缠绕，每交叉两次就加进一些头发。

4 直至全部扭转好，小弧度地弯向左边后脑勺，用小黑夹固定好。

5 右边用同样的方法固定在右边后脑勺。

6 最后戴上漂亮的发卡即可。

派对

想成为派对女王，顺便来一次美丽的邂逅吗？除了服饰配饰的装扮，打造一款一出场就HOLD住全场的发型更加重要哦！这样才能吸引众人的目光，成为名副其实的PARTY QUEEN！

1 将前额头发按3:7分区，戴上漂亮的发箍。

2 取左侧刘海头发，向内扭转三圈或四圈。

3 用小黑夹固定在后脑勺上。

4 将所有头发在左侧扎低马尾，用橡皮筋绑好。

5 抽出一缕头发缠绕皮筋，用夹子固定。

6 用电卷棒将马尾卷出弧度，发型就完成了。

工具

发箍、小黑夹、橡皮筋、电卷棒

简约可人公主头

公主头绝对是女性展现温婉气质的不二法宝。柔顺的发丝以及浪漫大卷，加上公主式的发箍，更显甜美可人的公主气质。

TIPS

发量较少的女生在做此款发型时，最好用直径尺寸较小的卷发棒将头发卷出弧度，再抓蓬松。

工具

橡皮筋、小黑夹、发饰

淑女风绾发

长发披肩的柔美气息的确很甜美、可爱，但在参加聚会时，一款简单端庄优雅系的绾发则会让你更受青睐。

此款发型可以选择前插带网纱的发饰，也可选择插入后脑勺发髻的发饰，效果不同哦。

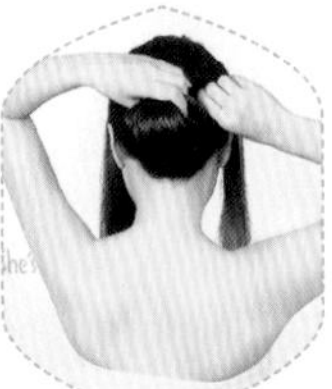

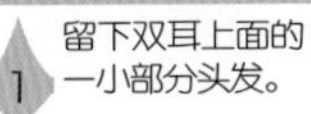

1 留下双耳上面的一小部分头发。

2 把剩下的头发在脑后稍低的位置扎成马尾。

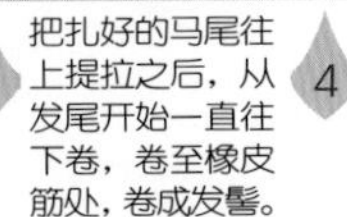

3 把扎好的马尾往上提拉之后，从发尾开始一直往下卷，卷至橡皮筋处，卷成发髻。

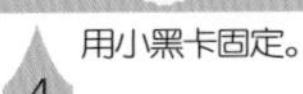

4 用小黑卡固定。

5 把一边留下的头发扭成一束，用小黑卡固定在发髻上。

6 另外一边也用同样的方式固定好，再戴上发饰就完成了。

工具 小黑夹、电卷棒、发饰

中式侧拧发

经典的中式侧拧发总能给人邻家女孩般的舒服感和亲切感，加上柔软感的浪漫小卷，即便简单，却能在平凡中大放异彩。

TIPS

卷发后，再用双手或是宽尺梳将头发抓松或梳开，让卷度拥有松散飘逸的空气质感。

1 将头发分成上下两区，前额两侧的头发各留一束。

2 将上区头发向右旋转几下，用夹子固定在右侧。

3 取左侧一束头发，用电卷棒将这束头发从发尾开始向内卷起。

4 再取另一束头发，同样从发尾开始向内卷起。

5 取右侧一束头发，与左侧一样卷起。

6 将右侧前额预留出来的一束头发从发根开始向内卷起，最后戴上发饰即可。

工具

橡皮筋、尖尾梳、小黑夹、插梳

妩媚动人低发髻

低发髻发型显温婉妩媚，很受成熟低调的女士欢迎。简单的低盘发加上珍珠发饰，更显温婉优雅，是参加 PARTY 的不二选择。

此款发型绝美之处在于对刘海的处理，注意弯向耳后时不要拉扯得太紧，以免失去妩媚感。

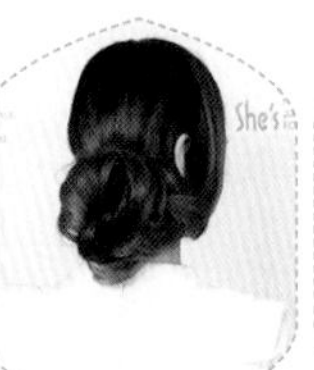

1 在前额右侧先预留出一小部分刘海，其余头发别在耳后。

2 在前额左侧预留出一小部分刘海，其余头发别在耳后。

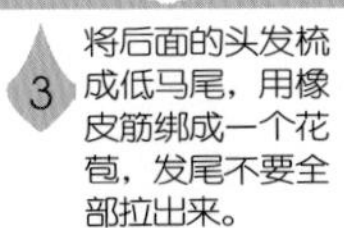
3 将后面的头发梳成低马尾，用橡皮筋绑成一个花苞，发尾不要全部拉出来。

4 将右侧的刘海梳理顺畅，小弧度弯向耳后，并用小黑夹将发尾固定在花苞上方。

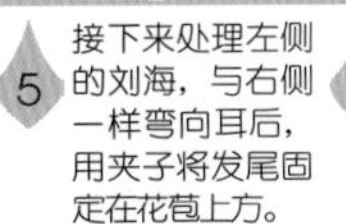
5 接下来处理左侧的刘海，与右侧一样弯向耳后，用夹子将发尾固定在花苞上方。

6 最后插上漂亮的珍珠密齿插梳装饰即可。

1 前额头发中分，取左侧头发分成两股。

2 以两股加发的手法，编织至后脑勺位置，用小黑夹固定。

3 右边以同样的手法编织。

4 将发束均匀分成两股，并以两股扭发编织至发尾，用橡皮筋绑好。

5 最后戴上自己喜欢的发卡即可。

女神范儿半束发

各位女生是不是还没想好用什么发型参加 PARTY。现在教你一招，简单的半盘发，加上发饰，公主的气质自然迎面而来。

工具 小黑夹、橡皮筋、发卡

TIPS

轻熟女的女生们，还可以将编好的辫子塞进头发里弄成一个发髻，再别上发卡，也不错哟！

1 取右侧一束头发，用电卷棒从发尾向外卷起。

2 另取一束头发，从发尾向外卷起，直至将右侧头发卷完。

3 取左侧一束头发，与右侧一样，从发尾向外卷起。

4 再另取一束头发，从发尾向外卷起，直至将左侧头发卷完。

5 在卷好的头发上，用手适当地抓松。

6 最后戴上小发卡装饰即可。

TIPS

女生们在卷头发前，最好将电卷棒预热至 180℃左右，这样才能卷出完美的发型。

工具 电卷棒、发卡

名媛气息卷发

这款波浪卷发很有名媛淑女的气息，染上深棕色的发色更添成熟魅力，斜分刘海设计与精致发卡的搭配，尽显女人青春动感。

约会

想要在特别的日子以最亮丽的一面见他，什么发型比较好呢？难得有时间跟另一半去约会，化妆花的时间太多了，一看表，快要迟到了，怎么办？现教你几款简单的约会发型，轻松上手把自己打扮得美美的，准备约会去吧！

1 将头发按 3∶7 的比例分成偏分。

2 在左侧把头发扎成低马尾。

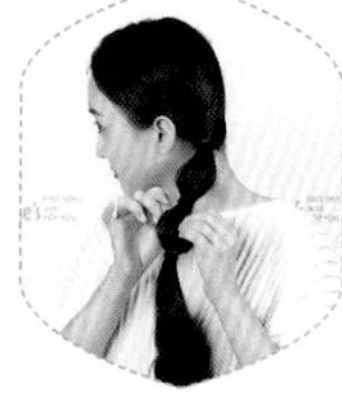

3 每隔约 4 厘米扎一个皮筋，扯松做拉花。

4 在每个扎皮筋的地方夹上一个小发夹做装饰即可。

工具 橡皮筋、发夹

夏日清新灯笼辫

夏季阳光明媚，是否还没想好约会的发型呢？夏季炎热，不如尝试俏皮清新的灯笼辫，换个清爽甜美的扎发造型吧。

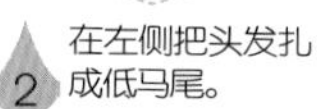

TIPS

此款发型适合头发较长的女生，不过在扎马尾前最好将发顶的头发打毛，这样效果更好。

工具

尖尾梳、橡皮筋、发饰

甜蜜约会侧马尾

如何度过一个浪漫而富有新意的约会，平日里的普通发型，你的伴侣是不是已经看腻了？那赶快学习一下吧，让他眼前一亮，度过一个不一样的约会吧。

TIPS

最好先将编好的麻花辫用橡皮筋扎住，再和剩余的头发一起捆绑，然后拆掉辫子的皮筋。

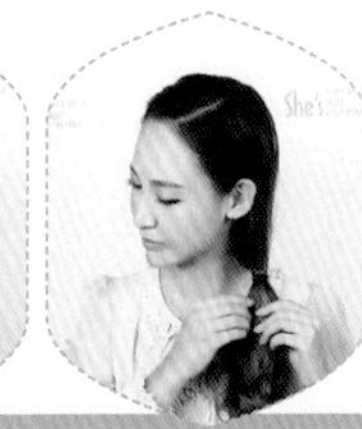

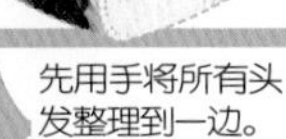

1 先用手将所有头发整理到一边。

2 选择头发较多的一边，从头顶的部位开始编较粗的麻花辫。

3 每一次向外编时就多加一点头发进来。

4 用橡皮筋将编好的麻花辫和剩余的头发一起侧绑固定。

5 再绑上一个漂亮的发饰。

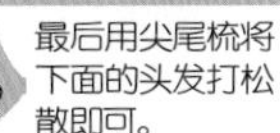

6 最后用尖尾梳将下面的头发打松散即可。

工具

电卷棒、橡皮筋、小黑夹、发箍

小波浪QQ短发

长发秒变短发，让人大吃一惊；小波浪发绺，彰显知性大方；精致的发箍，更是点睛之笔。从此，让你成为不一样的自己。

TIPS

在打造此款发型的时候，应尽量使每股卷发的数量相对一致，并且绑的低马尾最好在后脑勺发际线下2厘米处，才能达到长发巧变短发，薄发秒变厚发的神奇效果。

STEPS 步骤图

1 用手将头发平均分成左右两区。

2 取左侧一束头发，用电卷棒从发尾开始向内卷至发束中段。

3 再取另外一束头发，按照前面的方法将左侧的头发卷完。

4 取右侧一小束头发，用电卷棒将这束头发从发尾开始向内卷至发束中段。

5 直至将右侧的头发卷完。

6 用橡皮筋将卷好的头发绑成低马尾，将橡皮筋向下扯松一点。

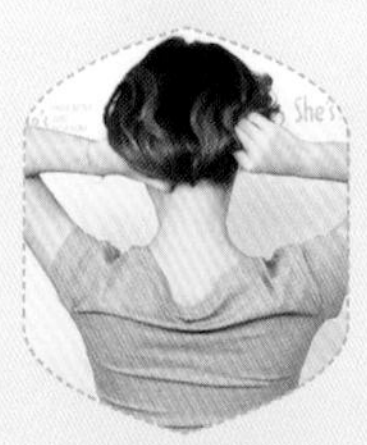

7 将发尾向内卷起，并用小黑夹固定。

8 最后戴上漂亮的发箍即可。

工具
尖尾梳、小黑夹、发饰

百搭LOOK低发髻

夏季天气炎热，什么样的发型能够让您清爽与优雅兼得？这里给大家分享一款百搭低发髻，让女生去约会也能够彰显高雅之姿！

TIPS

女生们记住在扭转头发的时候要保持方向一致，如果是逆时针扭转就一直要逆时针，最后在卷成发髻的时候，也尽量保持在一个方向上。这样才能打造出辫子与发髻完美结合的发型。

STEPS 步骤图

1 用尖尾梳从头顶中间开始分界线，并梳理顺畅。

2 在左侧耳朵旁取两束头发按逆时针的方向扭转。

3 然后小弧度地弯向耳后，加一束头发，同样扭卷。

4 等扭成一股之后，再将一束头发加进去，继续扭卷。

5 以此类推将左侧头发扭卷完，发尾暂不扭卷，并用小黑夹固定在后脑勺上。

6 接下来处理右侧，与左侧一样，将头发扭卷好。

7 将右侧扭卷好的头发，与左侧扭卷好的头发合在一起，用小黑夹固定在后脑，发尾暂不扭卷。

8 将两侧的发尾交叉扭成较粗的两股辫。

9 用手拉松辫子的纹路之后，往上朝一个方向扭卷成一个发髻，用小黑夹固定好。

10 最后戴上漂亮的发饰即可。

工具

鹤嘴夹、橡皮筋、小黑夹、发饰

柔美低髻

一个星期的工作紧张又忙碌，在休息时，想和另一半度过一个浪漫的周末，想打造更优雅动人的形象，就少不了经典的盘发发型。长发发型简单绾起，端庄优雅，对约会再适合不过了。

TIPS

女生们在打造此款发型的时候，要记得需要重复两次将扎好的马尾从洞中间穿过，但不同的是第二次不需要将发尾拉出，最后再将上区散开下来的头发倒刮打毛，使发型看起来上紧下松。

STEPS 步骤图

1 将头发分成上下两区，头顶大约是1/4的头发，用鹤嘴夹固定。

2 把下区的头发再分成两区，把中间头发用橡皮筋绑成侧马尾。

3 将束头发的橡皮筋往后拉松，并在头发中间用手挖个洞。

4 把扎好的马尾往里塞，从洞中间穿过去。

5 与下区头发一同拢起来，用橡皮筋绑好。

6 再将束头发的橡皮筋往后拉松，同样在头发中间挖个洞。

7 将扎好的发束往里塞，从挖的洞中穿过来，但发尾不要拉出来，用夹子固定好。

8 把上区头发散开，倒刮打毛。

9 扭卷几下，用小黑夹与下区头发的发尾一起固定好。

10 最后戴上漂亮的发饰即可。

工具

尖尾梳、橡皮筋、发卡

清新甜美侧辫发

柔顺的长直发，编一个加股辫，戴上漂亮的小发卡，简单又有特色，让您的约会更有魅力。

TIPS

在编发的过程中，不要把头发全部编完，预留 2/3 的发尾和之前的头发整体搭配效果会更好。

1 用手将头发按 4:6 的比例斜着分界，并用尖尾梳梳理顺畅。

2 从左侧头顶中间开始，由上至下编成加股辫，留一些刘海。

3 用橡皮筋将编好的辫子绑起来，留下 2/3 的发尾待用。

4 最后在编好的辫子上，依次戴上小发卡即可。

工具

尖尾梳、鹤嘴夹、橡皮筋、小黑夹、发卡

超 SWEET 马尾辫

马尾辫作为最经典的邻家女孩发型，除了清新单纯的气质外，还可以扎出时尚女人的味道，在约会中，让你更加活泼俏皮，让心仪的他眼前一亮哦！

TIPS

此款发型简单易学，需要注意的是在扎马尾的时候不要拉出发尾，而是让发尾自然垂下来。

1 将头发分成上下两区。

2 用尖尾梳将上区头发梳理整齐，再用鹤嘴夹固定。

3 将下区的头发再分成上下两部分。

4 用皮筋将上部分头发绑好，不要扯出发尾，用小黑夹固定，让发尾自然垂下来。

5 将上区的头发散开，梳理顺畅，用皮筋绑好，同样不要拉出发尾。

6 在捆绑此发束的橡皮筋处用小黑夹固定，让发尾自然垂直下来。别上发卡即可。

工具
橡皮筋、小黑夹、尖尾梳、插梳

波西米亚 BOBO 头

波西米亚风格是一个在欧美非常流行的风格流派，饱含浓郁的异域风情的波西米亚发型不但很容易打造，而且会让你的气质瞬间提升，是约会场合的人气发型。

TIPS

在打造此款发型的时候，女生们应该注意上下区之间的发量不要相差太多，同时下区的发髻量应尽量保持在上区的头发能够完全遮住为宜，而且最好偏头部低一些。此外，发尾一定要藏好固定住。

STEPS 步骤图

1 将头发分成上下两区。

2 用橡皮筋将上区的头发绑起来。

3 将下区的头发用橡皮筋绑成一个花苞，发尾绕橡皮筋转圈。

4 用小黑夹将发尾固定好。

5 将上区的头发散开，用尖尾梳倒刮打毛。

6 用橡皮筋将刮蓬松的头发绑成低马尾，盖住花苞。

7 橡皮筋往下拉一点，将上区的发尾弯进看不见的地方。

8 将上区的发尾与下区的花苞用小黑夹固定在一起，使上区的头发完全将下区的花苞均匀地盖住。

9 最后插上漂亮的花朵插梳即可。

工具
尖尾梳、橡皮筋、小黑夹、发卡

花式丸子头

简单的丸子头，大多数女生都会，现在教大家一个更有个性的花式丸子头，正面看就是普通的麻花辫丸子头，可是背面看，编发更有特色，绝对能在约会时让人耳目一新。

TIPS

在编发的过程中，女生们记得在编上区的头发时要编至发尾，但不要扯出发尾，同时第二次编的过程中边编还应边加入少许头发，这样整体发型看起来会更加整洁又不失个性。

STEPS 步骤图

1 将头发分成上下两区。

2 用尖尾梳将上区的头发梳理整齐，用橡皮筋绑好固定。

3 将上区的头发分成三股，进行三股编发。

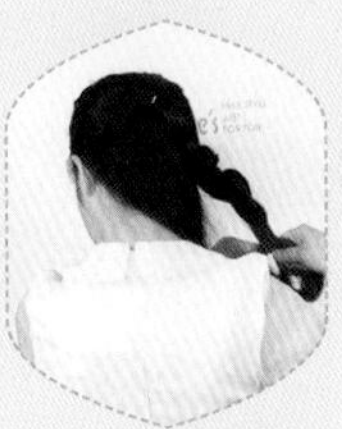

4 编至发尾，用橡皮筋绑好固定，不要扯出发尾。

5 用左手固定发根处，右手抓起发尾慢慢地绕成一个发髻，用小黑夹固定。

6 先取下区头发中的一缕，分成三股，向左边进行三股编发。

7 一边编一边加入少许头发，编至发尾时，用橡皮筋绑好固定。

8 将下区三股辫向上缠绕上区的发髻，并用小黑夹固定。

9 最后别上漂亮的发卡就完成了！

旅游

来一场说走就走的旅行吧！无论是和家人，还是和朋友出门游玩，发型的实用性很重要，越是轻便简单越是好。给自己的假期心情加点料吧，弄个实用简单的发型，心情放假，美丽不放假，快用相机记录下你的美丽时刻吧！

简单清爽内掏发

工具
尖尾梳、橡皮筋、电卷棒、发饰

在这炎热高温的季节里，编上一款清爽的发型，感受一下海风徐徐吹来那种凉爽舒畅的快感吧。

1 用梳子从头顶中间开始分界，梳理齐。

2 将全部头发梳成马尾，用橡皮筋绑起来。

3 把束发的皮筋拉松，在头发中间挖个洞。

4 将此发束往里弯，穿过刚才挖的洞。

5 用电卷棒将发尾卷成小卷。

6 最后戴上漂亮的发饰即可。

TIPS

在将发束往里弯时，不要让空洞变得太大，也不要将空洞处的头发弄乱，以免影响造型美观。

工具 橡皮筋、小黑夹、发夹、电卷棒

卡哇伊半丸子头

好天气最适合外出游玩，扎个可爱的丸子头，约几位好友去郊外野餐。晒晒太阳，会让你看上去更加的年轻，看到的人都忍不住地说“卡哇伊”。

TIPS

此款发型在将马尾盘起后，要尽量贴紧头皮固定，然后再做出蓬松的效果，以免散开。

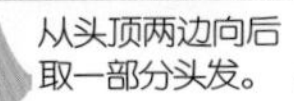

1 从头顶两边向后取一部分头发。

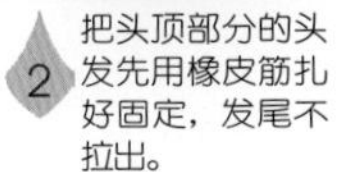

2 把头顶部分的头发先用橡皮筋扎好固定，发尾不拉出。

3 扭转马尾并盘起。将盘上去的头发紧贴头顶，由外向里插进小黑夹紧紧固定住。

4 将圆形发髻尾部一点点向旁打开，做出自然蓬松的效果。

5 在发髻前夹上漂亮的发夹装饰。

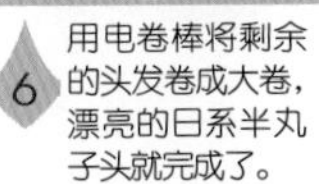

6 用电卷棒将剩余的头发卷成大卷，漂亮的日系半丸子头就完成了。

工具
小黑夹、橡皮筋、电卷棒、发卡

俏丽编发式刘海

有时觉得出去旅游就是全身心放松，跟发型没关系？那你就错了，发型好不好会影响到你旅途中的心情。此款发型让你在夏季旅行中更显俏丽迷人！

TIPS

此款发型在扎马尾的时候，女生们记得在扎好的情况下，一定要往上推一下，并用小黑夹固定好，这样扎出来的头发头顶的头发会显得更加自然蓬松，整个人也显得更加朝气蓬勃。

STEPS 步骤图

1 在头顶一侧捋出一束头发，向后扭卷几下，卷成蓬松的发花。

2 用小黑夹将发花固定在头顶一侧。

3 将剩余的头发分成上下两区，用橡皮筋将上区头发绑起来。

4 将上区发束向上推，形成立体感，用小黑夹固定好。

5 在下区头发左侧，取一束头发，用电卷棒向内卷起。

6 再取另外一束，同样向内卷起。

7 接下来处理下区头发右侧，取一束头发，向内卷起，直至将下区头发卷完。

8 最后戴上漂亮的发卡就完成了。

工具

橡皮筋、小黑夹、电卷棒、发饰

日系顶区丸子头

不管去哪儿游玩，也一定要在世人面前，绽放出自己最美的一面。下面这款发型，无论你是去寒冷的韩国，还是酷热的科威特，都游刃有余。

TIPS

此款发型比较适合脸圆的女生们，头顶的发髻和两侧的垂发，可以适当地拉长脸形。如果将此款发型改造成所有头发都梳起的丸子头，女生们可以把头仰着梳，这样可以防止花苞太松，也更容易操作哦。

STEPS 步骤图

1 取头顶一部分头发，量不需要太多，用皮筋绑成一个花苞，发尾不要全部拉出来。

2 将花苞的发尾绕着橡皮筋转圈，遮住橡皮筋。

3 用小黑夹将花苞固定好。

4 取左侧一束头发，用电卷棒从发尾向内卷至1/3处。

5 另取一束，同样从发尾向内卷至1/3处。

6 再取右侧一束头发，也是从发尾向内卷至1/3处。

7 直至将下面的头发卷好。

8 在卷好的头发上，用手适当地抓松。

9 最后戴上漂亮的发饰就行了。

工具

尖尾梳、小黑夹、电卷棒、发卡

浪漫海岛风拧发

热爱旅行的美眉们，一定不会放过世界上每一寸富有独特气息、蕴涵独特魅力的土地！弄一款浪漫海岛风的发型，漫步在美丽的风下之乡——沙巴！

TIPS

建议女生在打造此款发型的时候，耐心细致点。上电卷棒要从头发的中段开始，每次停留约 8 秒的时间就放开，不需要太久，而发尾只需要稍微过热一下即可，因为发尾过卷，就会显得太死板。

STEPS 步骤图

1 从头顶中间取一部分头发，前额要预留一定的头发，用尖尾梳倒刮打毛。

2 将刮蓬松的发束往斜后方扭卷几下，向上推一下，带点弧度，用小黑夹固定好。

3 将剩余的头发梳理顺畅。

4 取左侧一束头发，用电卷棒从发尾向内卷至耳下部位。

5 另取一束头发，从发尾向内卷至耳下部位。

6 取右侧一束头发，与左侧一样，从发尾向内卷至耳下部位。

7 再另取一束头发，从发尾向内卷至耳下部位，直至将全部头发卷完。

8 最后戴上漂亮的发卡即可。

工具 电卷棒、尖尾梳、发饰

靓丽甜心侧马尾

不用再去费心思考什么发型才是最适合游山玩水的！因为青春动人的侧马尾马上帮你解决这费脑的问题。发尾自然卷曲的弧度，显得更靓丽时尚，加分！

TIPS

内卷看起来含蓄文静，外卷看起来活泼奔放。此款发型开始时都是向内卷，而刘海处是向外卷。二者结合，既清新又活泼。

1 左耳边取一束头发，用电卷棒从发根向内卷至发尾，剩余的头发也如此操作。

2 右侧的头发按照左侧的头发的操作方法，用电卷棒从发根向内卷至发尾。

3 将头发梳理整齐，分成上下两区。

4 用发饰将上区的头发束成一个斜马尾，预留一小部分刘海出来。

5 用电卷棒将刘海从发尾开始向外卷至头发中间。

6 取下区头发中的一束，从发尾开始向外卷至发根，直至全部卷完即可。